Supatra Sen

Um ambiente, uma miríade de dimensões: Explorando a perspetiva indiana

Supatra Sen

Um ambiente, uma miríade de dimensões: Explorando a perspetiva indiana

ScienciaScripts

Imprint
Any brand names and product names mentioned in this book are subject to trademark, brand or patent protection and are trademarks or registered trademarks of their respective holders. The use of brand names, product names, common names, trade names, product descriptions etc. even without a particular marking in this work is in no way to be construed to mean that such names may be regarded as unrestricted in respect of trademark and brand protection legislation and could thus be used by anyone.

Cover image: www.ingimage.com

This book is a translation from the original published under ISBN 978-3-659-87031-6.

Publisher:
Sciencia Scripts
is a trademark of
Dodo Books Indian Ocean Ltd. and OmniScriptum S.R.L publishing group

120 High Road, East Finchley, London, N2 9ED, United Kingdom
Str. Armeneasca 28/1, office 1, Chisinau MD-2012, Republic of Moldova, Europe
Managing Directors: Ieva Konstantinova, Victoria Ursu
info@omniscriptum.com

Printed at: see last page
ISBN: 978-620-8-64684-4

Dedicado aos meus pais -

O falecido Tapan Sen e a Sra. Sumitra Sen

ÍNDICE DE CONTEÚDOS

Missão Sustentabilidade: Muitas faces da conservação de recursos

RESUMO

As batalhas mais ferozes da história da humanidade têm sido travadas em torno da questão da dimensão humana da **conservação da biodiversidade**. A um nível abstrato, isto implica a vasta gama de relações entre **os seres humanos** e **a natureza**, ao passo que, a um nível mais prático, diz respeito à questão de saber como lidar com os habitantes locais que vivem nas zonas protegidas e nas suas imediações, bem como com a flora e a fauna raras ou ameaçadas. Impulsionada pela crise, a investigação científica sobre as interações homem-ambiente desenvolveu-se num novo ramo da **ciência da sustentabilidade**, com base no reconhecimento de que o **bem-estar da sociedade humana está intimamente relacionado com o bem-estar dos ecossistemas naturais**. **A gestão sustentável dos recursos**, incluindo o **desenvolvimento sustentável**, implica a utilização dos recursos naturais (**bióticos** e **abióticos**) de formas benéficas para os seres humanos, mantendo a sua disponibilidade para apoiar a diversidade biológica e a utilização humana contínua no futuro. A conservação na Índia tornou-se proeminente em **meados** do século **XIX**, com a primeira aplicação prática dos princípios científicos de conservação às florestas. **A conservação de cima para baixo** tem sido a estratégia e prática de conservação preferida na Índia durante grande parte do século XX. A partir da década de 1970, a abordagem de gestão preservacionista de cima para baixo teve de ser suplantada por uma narrativa de **utilização sustentável** mais **ascendente, inclusiva** e **participativa**. A política **de conservação de base comunitária** afirma que é possível e preferível encontrar um equilíbrio entre as necessidades das populações locais e a conservação da natureza. O desenvolvimento sustentável exige a conciliação do **desenvolvimento económico,** da **equidade social** e da **proteção do ambiente** - os "**três pilares**" da sustentabilidade. A **Década das Nações Unidas da Educação para o Desenvolvimento Sustentável (2005-2014)** procura mobilizar os recursos educativos do mundo para ajudar a criar um futuro mais sustentável. Tal como sublinhado no novo Quadro Global para a Biodiversidade e os Ecossistemas 2012-2020 do PNUD, ***O Futuro que Queremos: Biodiversidade e Ecossistemas - Impulsionar o Desenvolvimento Sustentável,*** temos de libertar o potencial dos recursos naturais e proteger a biodiversidade, contribuindo simultaneamente para o desenvolvimento sustentável.

Palavras Chave : Desenvolvimento Sustentável, Conservação de Recursos, Biodiversidade

ANTECEDENTES

As batalhas mais ferozes da história da humanidade têm sido travadas em torno da questão da dimensão humana da **conservação da biodiversidade**. A um nível abstrato, isto implica o vasto leque de relações entre **os seres humanos** e **a natureza**, ao passo que, a um nível mais prático, isto diz respeito à questão de saber como lidar com os habitantes locais que vivem nas zonas protegidas e nas suas imediações, bem como com a flora e a fauna raras ou ameaçadas. **A gestão sustentável dos recursos**, que inclui **o desenvolvimento sustentável**, implica a utilização dos recursos naturais (**bióticos** e **abióticos**) de formas benéficas para os seres humanos, mantendo simultaneamente a sua disponibilidade para apoiar a diversidade biológica e a utilização humana contínua no futuro. As alterações globais (que envolvem alterações climáticas, invasões biológicas e mudanças na utilização/cobertura dos solos e esgotamento da biodiversidade) são o gatilho para a mudança de paradigma do desenvolvimento económico ligado à gestão sustentável dos recursos naturais [1]. **A diversidade biológica** - definida em sentido lato como a espetacular diversidade da vida na Terra - é a chave definitiva para a saúde e a sobrevivência dos seres humanos e do seu ambiente. A preservação dessa diversidade exige a proteção e conservação dos recursos naturais, dos quais depende toda a vida.

Impulsionada pela crise, a investigação científica sobre as interações homem-ambiente evoluiu para um novo ramo da **Ciência da Sustentabilidade**, baseado no reconhecimento de que o **bem-estar da sociedade humana está intimamente relacionado com o bem-estar dos ecossistemas naturais**. A Ciência da Sustentabilidade procura compreender o carácter fundamental das interações entre a natureza e a sociedade, especificamente a interação dos processos globais com as caraterísticas ecológicas e sociais de determinados sectores e regiões. **O desenvolvimento sustentável**, de acordo com o Relatório Brundtland (1987) "**O nosso futuro comum**", é ***"um desenvolvimento que satisfaz as necessidades do presente sem comprometer a capacidade das gerações futuras de satisfazerem as suas próprias necessidades".*** É provável que **a sustentabilidade** seja a marca distintiva dos próximos anos - se optarmos por abraçá-la em vez dos actuais padrões de consumo e desenvolvimento que prestam pouca atenção às necessidades das gerações futuras de vida em todas as formas.

CONSERVAÇÃO: EM RETROSPECTIVA

A conservação na Índia tornou-se proeminente em meados do século **XIX**, com a primeira aplicação prática dos princípios científicos de conservação às florestas. A ética da conservação que começou a evoluir incluía **três princípios fundamentais**: que a atividade humana danificava o **ambiente**, que havia um **dever cívico** de manter o ambiente para as gerações futuras e que deviam ser aplicados **métodos científicos e empíricos** para garantir o cumprimento desse dever. Sir James Martin foi proeminente na promoção desta ideologia, publicando muitos relatórios médico-topográficos que demonstravam a escala dos danos causados pela desflorestação e dessecação em grande escala, e exercendo uma forte pressão para a institucionalização das actividades de conservação das florestas na Índia Britânica através da criação de Departamentos Florestais [2]. O Madras Board of Revenue iniciou os esforços de conservação local em 1842, chefiado por Alexander Gibson, um botânico profissional que adoptou sistematicamente um programa de conservação florestal baseado em princípios científicos. Este foi o **primeiro caso de gestão estatal**

de florestas no mundo [3].

Estas tentativas locais foram gradualmente objeto de maior atenção por parte do governo britânico, à medida que o abate desregrado de árvores continuava a não diminuir. Em 1850, a Associação Britânica de Edimburgo formou um comité para estudar a destruição das florestas, a pedido do Dr. Hugh Cleghorn, um pioneiro do nascente movimento de conservação. Em 1847, interessou-se pela conservação das florestas em Mysore e proferiu várias palestras na Associação sobre o fracasso da agricultura na Índia. Estas palestras influenciaram o governo do Governador-Geral Lord Dalhousie a **introduzir o primeiro programa de conservação florestal permanente e em grande escala do mundo** em 1855, um modelo que rapidamente se espalhou a outras colónias, bem como aos Estados Unidos. No mesmo ano, Cleghorn organizou o Departamento Florestal de Madras e, em 1860, o Departamento proibiu a utilização de culturas itinerantes [4]. O manual de Cleghorn de 1861, *"The Forests and Gardens of South India",* tornou-se a obra definitiva sobre o assunto e foi amplamente utilizado pelos assistentes florestais no subcontinente [5]. Em 1861, o Departamento Florestal estendeu-se ao Punjab [6].

Sir Dietrich Brandis, um engenheiro florestal alemão, foi nomeado Inspetor-Geral das Florestas na Índia, cargo que ocupou durante 20 anos. Formulou nova legislação florestal e ajudou a criar instituições de investigação e formação. A Escola Imperial de Florestas de Dehradun foi fundada por ele. Os alemães eram proeminentes na administração florestal da Índia britânica. Para além de Brandis, Berthold Ribbentrop e Sir William P.D. Schlich trouxeram novos métodos para a conservação da Índia, tendo este último sido nomeado Inspetor-Geral em 1883, após a demissão de Brandis [7,8]. Schlich ajudou a criar a revista *'Indian Forester'* em 1874.

ABORDAGENS DE CONSERVAÇÃO

A gestão dos recursos naturais tem em consideração a pluralidade dos sistemas de conhecimento. Na Índia, a aplicação da investigação científica e dos conhecimentos locais contribui para a equidade, a oportunidade, a segurança e a capacitação das comunidades locais, bem como para a sustentabilidade dos recursos naturais. O conhecimento local ajuda na análise de cenários, na recolha de dados, no planeamento da gestão, na conceção de estratégias adaptativas para aprender e obter feedback e no apoio institucional para pôr as políticas em prática, enquanto a investigação científica fornece novas tecnologias e ajuda a melhorar as existentes [9].

O movimento moderno de conservação surgiu no final do século XIX em resposta a mudanças fundamentais nas visões do mundo relativamente à natureza da relação entre os seres humanos e o mundo natural. Nos seus primórdios, a conservação da biodiversidade foi motivada pelo desejo de preservar sítios com um significado especial para a contemplação intelectual e estética da natureza e pela aceitação de que a conquista da natureza pelo homem acarreta a responsabilidade moral de assegurar a sobrevivência de formas de vida ameaçadas. Ao longo do último século, foi adoptada uma vasta gama de diferentes abordagens orientadas para a conservação, desde actividades à escala local e regional, como a criação de zonas protegidas, a conservação *ex-situ*, o planeamento da recuperação de espécies e ecossistemas, a gestão de ameaças específicas *(por exemplo,* doenças, incêndios) e os "off-sets" de biodiversidade, até desenvolvimentos políticos intergovernamentais à escala mundial, como a Convenção sobre a Diversidade Biológica (CDB) e a Convenção sobre o Comércio Internacional das Espécies da Fauna e Flora Selvagens Ameaçadas de Extinção (CITES)[10]. Estas abordagens baseiam-se em valores múltiplos da biodiversidade, incluindo os valores não relacionados com os seres humanos.

Conservação da Fortaleza e Conservação da Comunidade: Prós e Contras

Vários estudiosos escreveram sobre a origem das Áreas Protegidas e a sua proeminência como veículos de preservação. Entre outras influências, o movimento inglês de '**cercamento**' dos séculos XVIII e XIX, as primeiras preocupações alemãs com a conservação das florestas e a expansão americana para oeste influenciaram a evolução das Áreas Protegidas como zonas restritas. As populações locais foram muitas vezes deslocadas e excluídas das Áreas Protegidas, sendo a aplicação da exclusão muitas vezes efectuada através de "cercas e multas", criando aquilo a que hoje se chama vulgarmente **"conservação em fortaleza".**

A conservação de fortalezas de cima para baixo tem sido a estratégia e prática de conservação preferida durante grande parte do século XX, sobrevivendo à descolonização e às convulsões no cenário político indiano. No entanto, as mudanças do governo colonial para o governo pós-independência levaram à erosão da aceitabilidade política e do apoio a medidas de exclusão. O conceito de **Conservação Comunitária** surgiu a partir deste novo clima de desenvolvimento internacional, desencadeando mudanças substanciais na gestão das Áreas Protegidas. A partir da década de 1970, tornou-se claro que a abordagem de gestão preservacionista de cima para baixo tinha de ser suplantada por uma narrativa de **utilização sustentável** mais **ascendente, inclusiva** e **participativa**. O aspeto fundamental destas estratégias é que as suas caraterísticas específicas e a sua influência variam muito consoante o tempo, o local e as pessoas envolvidas [11].

A política de **conservação de base comunitária** (CBC) afirma que é possível e preferível encontrar um equilíbrio entre as necessidades das populações locais e a conservação da natureza. Isto é contestado por vozes que defendem a abordagem protecionista da "**conservação em fortaleza**", com as pessoas separadas de certas paisagens por serem inerentemente incompatíveis. É importante notar que nenhuma teoria ou abordagem única foi absolutamente dominante ou foi completamente implementada. De facto, as diferentes narrativas, modelos e abordagens estão constantemente a sobrepor-se e a competir, o que torna as fronteiras entre elas difusas e difíceis de identificar na prática.

De acordo com a CDB, uma área protegida é ***"uma área geograficamente definida que é designada ou regulamentada e gerida para atingir objectivos de conservação específicos".*** O conceito de zonas protegidas existe há pelo menos alguns milhares de anos, sob a forma de reservas de caça privadas e comunitárias e de zonas espirituais [12]. O registo mais antigo de uma área protegida patrocinada pelo governo na Índia data do reinado do imperador Ashoka, que é anterior à era cristã. Uma ideia-chave que influenciou a expansão da rede de zonas protegidas foi a noção de

natureza selvagem - uma zona "não dominada pelo homem".

Outro fator importante que orientou o estabelecimento de áreas protegidas foi a necessidade de obter **controlo sobre os recursos biológicos**, especialmente sobre os animais "de caça". Tem-se argumentado que os caçadores coloniais desempenharam um papel importante na expansão da rede de áreas protegidas em vários países [13]. Mas também é verdade que muitas ideias de conservação tiveram a sua origem em abordagens tradicionais de gestão dos ecossistemas nesses países.

A nível mundial, a rede de áreas protegidas expandiu-se significativamente nas últimas décadas. No entanto, a rede mundial de zonas protegidas tem as suas limitações. Em primeiro lugar, apesar da impressionante cobertura da área, não se conseguiu obter uma amostra representativa da biodiversidade de todas as eco-regiões. Em segundo lugar, muitas das grandes áreas protegidas situam-se em paisagens de baixa diversidade, como as calotas polares e os desertos de areia. Em terceiro lugar, a eficácia dos sistemas de gestão da conservação varia consoante as diferentes áreas protegidas (CDB, 2010) e algumas são apenas "parques de papel". Em quarto lugar, a criação de zonas protegidas entra frequentemente em conflito com o acesso aos recursos e os meios de subsistência das comunidades locais e, no passado, conduziu mesmo a deslocações forçadas [14] e criou perturbações políticas e tensões sociais. Para além disso, a deslocalização voluntária de áreas protegidas recentemente criadas exige enormes recursos financeiros e a identificação de terras adequadas para a reabilitação das pessoas. Embora o 'modelo clássico' fosse essencialmente gerido pelo Estado e excludente [12], surgiram várias alternativas, como, por exemplo, o envolvimento de actores não estatais, que aumentou acentuadamente em todo o mundo.

Para além das áreas protegidas convencionais, surgiram nas últimas quatro décadas várias outras categorias de sítios de importância para a biodiversidade, devido a uma série de iniciativas internacionais importantes, como o Programa "O Homem e a Biosfera" (MAB) da UNESCO, a Convenção de Ramsar sobre as Zonas Húmidas (1971) e a Convenção do Património Mundial (1972). O programa MAB, que ***"procura conciliar a conservação da diversidade biológica e cultural e o desenvolvimento económico e social através de parcerias entre as pessoas e a natureza"***, por exemplo, levou à criação de 580 Reservas da Biosfera em 114 países. A Convenção de Ramsar designou 2.006 zonas húmidas de importância internacional, abrangendo cerca de 193 milhões de hectares. A Lista do Património Mundial inclui 936 bens que fazem parte do património cultural e natural mundial e que são considerados de "valor universal excecional". Destes, 183 bens fazem parte do património natural, enquanto 28 são considerados "mistos", uma vez que possuem tanto valor de património natural como de património cultural.

PERSPECTIVAS DE CONSERVAÇÃO

Modelos de governação da biodiversidade de base comunitária

Um ponto-chave subjacente a estes modelos baseados na comunidade é que as comunidades locais têm **capacidades inerentes de gestão de recursos** e, por conseguinte, apenas é necessário estabelecer a estrutura de incentivos correta [15]. Estes modelos representam uma mudança significativa em relação às abordagens orientadas pelo Estado, centralizadas, tecnocráticas e planeadas que eram dominantes anteriormente. Os catalisadores desta mudança vieram 'de cima' *(por exemplo,* os doadores internacionais e o Estado), bem como 'de baixo' (por exemplo, as comunidades e os movimentos sociais) [16]. Alguns acreditam que o crescimento dos modelos baseados na comunidade é ***'uma das transformações mais dramáticas na gestão dos recursos naturais na história moderna'*** [17].

A adoção dos Objectivos de Desenvolvimento do Milénio (ODM) - que identificaram **a erradicação da pobreza e a sustentabilidade ambiental** como imperativos globais - **deu um novo impulso aos modelos baseados na comunidade** [18]. Considerou-se que não seria possível alcançar estes objectivos sem se concentrar na ligação entre ambiente e pobreza e reconhecer o **papel central das instituições de governação local.**

Os vários modelos de governação da biodiversidade utilizados na Índia contribuíram para a conservação, a utilização sustentável e a partilha justa e equitativa dos seus recursos biológicos em diferentes paisagens. Embora operando ao abrigo de várias políticas, planeamento e quadros institucionais, um fio condutor comum percorre todos estes modelos - **uma crescente sensibilização para a conservação entre as pessoas e a ênfase na abordagem participativa.**

A participação, como conceito, tem sido debatida vigorosamente nos círculos académicos e políticos e pode assumir diferentes formas, desde a **partilha de informação até à atribuição de poderes. Os esforços autónomos das comunidades, a cogestão das florestas e a governação descentralizada da biodiversidade,** todos eles modelos de governação da biodiversidade - estão mais estreitamente alinhados com a conservação de base comunitária.

Esforços autónomos das comunidades: Os esforços autónomos da comunidade (ACE) são iniciados pelas comunidades para a conservação e gestão dos recursos biológicos. As ACE na Índia são extremamente diversas em termos de instituições de governação, objectivos de gestão e impacto ecológico. Estes esforços podem ser classificados em **duas categorias**: 1) **áreas de conservação comunitária** (CCA) **e 2) bosques sagrados** (SG). **A principal diferença entre as duas categorias reside na utilização dos recursos. Enquanto os recursos das ZCCs são geralmente apropriados para utilização, os das GSs são utilizados apenas em circunstâncias excepcionais ou por razões religiosas/espirituais.** Embora não exista uma base de dados exaustiva, uma estimativa considera que a área total das ZAC na Índia é pelo menos tão grande como a área das zonas protegidas formais [19].

Cogestão das florestas: Nas últimas décadas, a Índia experimentou o conceito de cogestão de recursos naturais estatais, como as florestas. Embora o envolvimento da comunidade na gestão das florestas estatais tenha uma longa história, foram algumas experiências bem sucedidas de envolvimento da comunidade em terras florestais estatais na década de 1980 que lançaram as sementes da **Gestão Florestal Conjunta** (JFM). No âmbito da GFJ, o Departamento Florestal do Estado celebra um acordo com a comunidade local, à qual é permitido um maior acesso aos recursos florestais, bem como uma parte das receitas, em troca da proteção das florestas contra a extração não autorizada, a invasão e os danos.

Esta ideia recebeu um grande impulso político em 1988, quando a Política Florestal Nacional defendeu a criação de um "**movimento popular maciço**" para atingir os objectivos nacionais de florestação/reflorestação e satisfazer as necessidades de pequenas madeiras, lenha, forragens e produtos florestais não lenhosos (PFNM) das populações rurais e tribais. O programa foi formalmente lançado em 1990 e tornou-se **um dos maiores programas comunitários de silvicultura do mundo**. Foram feitas tentativas para federar os Comités Mistos de Gestão Florestal no programa JFM, que é suscetível de desempenhar um papel significativo na silvicultura indiana na próxima década, uma vez que foi identificado como um dos principais programas de **luta contra as alterações climáticas no âmbito da "Missão Índia Verde"**.

Governação descentralizada da biodiversidade: A Índia devolveu poderes consideráveis às instituições locais de governo autónomo nas zonas rurais, conhecidas como instituições Panchayati Raj (PRIs). A Lei da Constituição (septuagésima terceira alteração), de 1992, acrescentou um novo calendário à Constituição da Índia (décimo primeiro calendário) que enumera 29 assuntos devolvidos aos PRIs. A lista inclui **produtos florestais** menores**, silvicultura social, silvicultura agrícola e pescas**. Os PRIs desempenham um papel importante na aplicação da **Lei da Diversidade Biológica de 2002**. Nos termos da lei, cada organismo local deve constituir um **Comité de Gestão da Biodiversidade** (BMC) para promover a conservação, a utilização sustentável e a documentação da diversidade biológica. Uma função importante do BMC é a preparação de um **Registo da Biodiversidade do Povo** (PBR) que contenha informações completas sobre a disponibilidade e a utilização dos recursos biológicos locais, ou qualquer outro conhecimento tradicional a eles associado.

Os modelos baseados na comunidade utilizam **três estratégias principais**. São elas: 1) oferecer **compensação** (ou substituição); 2) promover oportunidades **alternativas de subsistência**; e 3) criar um interesse direto na **conservação** para a população local. **Enquanto as duas primeiras estratégias apoiam a conservação, a terceira reflecte uma mudança concetual da conservação para a utilização sustentável** [20].

1. **A compensação ou substituição** é uma estratégia adoptada para compensar a perda (ou custo de oportunidade) sofrida pelas populações locais quando lhes é negado o acesso aos recursos. Esta perda pode constituir uma proporção substancial do rendimento do agregado familiar. Embora a estratégia seja simples a nível concetual, o principal desafio reside na resolução de questões práticas como *'quem* deve beneficiar, *quanto* e durante *quanto tempo* [21].

2. A segunda estratégia de **promoção de alternativas de subsistência** tem sido implementada principalmente através de **Projectos Integrados de Conservação e Desenvolvimento** (ICDPs), que tentam **conciliar os objectivos de conservação e desenvolvimento**. O

objetivo é reduzir a dependência das populações locais de práticas destrutivas nas áreas de conservação através da promoção de uma série de meios de subsistência alternativos e baseados nos ecossistemas (por exemplo, o Projeto de Eco-desenvolvimento da Índia apoiado pelo GEF e pelo Banco Mundial, 1996-2004). O pressuposto subjacente é que, uma vez disponíveis opções alternativas de subsistência, as populações locais abster-se-ão voluntariamente de explorar recursos com interesse para a conservação [21].

3. A terceira estratégia centra-se na criação de uma participação direta das populações locais no recurso, **promovendo o acesso e a utilização sustentável**, tanto extractiva (por exemplo, caça desportiva) como não extractiva (por exemplo, turismo). O papel do mercado é geralmente realçado, sendo por vezes também referido como '**conservação baseada em empresas**'.

Sistemas de conhecimento local e conservação

Para serem eficazes, os esforços de conservação da biodiversidade podem aprender com os conhecimentos locais específicos do contexto e com os mecanismos institucionais, como a cooperação e a ação colectiva; a transmissão intergeracional de conhecimentos, competências e estratégias; a preocupação com o bem-estar das gerações futuras; a dependência dos recursos locais; a contenção na exploração dos recursos; uma atitude de gratidão e respeito pela natureza; a gestão, conservação e utilização sustentável da biodiversidade fora das zonas protegidas formais; e a transferência de espécies úteis entre os agregados familiares, as aldeias e a paisagem em geral. Estes são alguns dos atributos úteis dos sistemas de conhecimento local [22].

Na Índia, os conhecimentos tradicionais sobre a conservação da biodiversidade estão dispersos por cerca de 3000 comunidades, de acordo com a sua distribuição geográfica, práticas agrícolas, hábitos alimentares, estratégias de subsistência e tradições culturais. Os agricultores são comprovadamente excelentes conservadores da biodiversidade. Nos países em desenvolvimento, os agricultores de pequena escala e com poucos recursos cultivam variedades de culturas locais para melhorar a produção, recorrendo a sistemas de inovação informais baseados nos conhecimentos indígenas. Empregam frequentemente a sua própria taxonomia, incentivam a introgressão, selecionam, hibridizam, testam no terreno, registam dados e dão nome às suas próprias variedades.

Estudos de campo e de laboratório sugerem também que os antigos agricultores eram muito eficientes na recolha de água. Uma tecnologia local simples e um princípio que prega "captar a chuva onde chove" deram origem a 1,5 milhões de tanques, lagos e diques de terra tradicionais de aldeia que recolhem uma quantidade substancial de água da chuva em 660 000 aldeias só na Índia [23, 24, 25]. Estes sistemas estão frequentemente integrados em práticas agro-florestais e etno-florestais. Ao longo de milhares de anos, as sociedades desenvolveram diversos regimes locais de recolha e gestão da água que ainda continuam a sobreviver no Sul da Ásia, em África e noutras partes do mundo [10, 26, 27].

Nas últimas décadas, registaram-se progressos consideráveis na associação entre diversidade cultural e biodiversidade. A Sociedade Internacional de Etno-biologia desempenhou um papel fundamental na formulação da ligação inseparável entre diversidade cultural e biológica [28]. A conservação ***ex situ*** de germoplasma foi bem estabelecida através das estações de introdução de plantas nos Estados Unidos, do Grupo Consultivo para a Investigação Agrícola Internacional e do Conselho Internacional para os Recursos Fitogenéticos. Foi criado um conjunto paralelo de instituições que documentam os conhecimentos locais sobre o ambiente e funcionam como centros de recursos de conhecimentos indígenas, prevendo-se que venham a desempenhar um papel futuro na conservação ***in situ***.

TENDÊNCIAS ACTUAIS NA GESTÃO DA BIODIVERSIDADE

Atualmente, **o neoliberalismo** transformou a terra, a fauna e a flora em **"mercadorias naturais"**, sendo o seu principal valor o seu valor de troca e o seu direito à existência baseado no que o mercado está disposto a pagar por elas em termos monetários. Este movimento para converter a natureza numa mercadoria e comercializar os seus serviços constitui uma transformação maciça da relação homem-ambiente e da economia política das regiões e das paisagens. Mas os efeitos do neoliberalismo na conservação vão mais longe do que a comercialização da conservação, como exemplificado pelas recentes tendências de **"mercantilização da natureza"** e **"pagamento de serviços ambientais"** [29]. Numa lógica de mercado extrema, um produto só tem direito à existência se conseguir reunir uma clientela, um mercado. Caso contrário, a teoria económica neoliberal prevê que o produto está destinado a desaparecer ou a ser substituído por um produto concorrente mais popular. Transpondo esta lógica para o domínio do ambiente, a natureza e a biodiversidade têm de ser justificadas assegurando uma procura para a sua existência. De facto, muitos estudos já tentaram identificar os "serviços ambientais" e a sua clientela potencial.

No entanto, esta mudança de importância do valor de uso para o valor de troca da natureza é muito contestada. Dentro da rede de biologia da conservação associada ao ressurgimento neoproteccionista, há apelos apaixonados à apreciação da natureza pelo seu valor intrínseco e não apenas pelo que significa para as pessoas em termos de mercado. Um efeito notável do domínio neoliberal é uma aceitação crescente, ou mesmo uma "necessidade", de envolvimento do sector privado na conservação da biodiversidade. Esta mudança segue-se a anos de ativismo contra as operações do sector privado e o seu impacto no ambiente. Pode argumentar-se que se trata, em parte, de uma mudança de imagem por parte do sector privado. É indubitável que a conservação da biodiversidade pode gerar muitos lucros. Isto deve-se, em parte, ao desenvolvimento do mercado internacional do ecoturismo, em que os turistas procuram zonas virgens para lazer e recreio. Além disso, as Áreas Protegidas são óptimos locais para conferências e reuniões de negócios. Consequentemente, a participação do sector privado na conservação da biodiversidade e na gestão das áreas protegidas explodiu na última década [30].

A globalização criou, literal e mentalmente, espaço e tempo para encarar o ambiente natural de uma forma mais holística. Um efeito específico desta situação foi a atenuação da importância do Estado e das fronteiras internacionais na governação ambiental internacional. Consequentemente, verificou-se um aumento da popularidade do **biorregionalismo**, das abordagens ecossistémicas e paisagísticas, da governação ambiental global e, mais recentemente, da criação de **zonas de conservação transfronteiriças** (a região do glaciar de Siachen, entre a Índia e o Paquistão, foi proposta como tal). Todas estas tendências na conservação da natureza ou na governação ambiental, que ultrapassam o Estado-nação como unidade organizacional última e consideram as fronteiras internacionais como "não naturais", visam a **Conservação Integrativa**.

Num estudo intitulado "Integrated Natural Resource Management: Approaches and Lessons from the Himalaya", os autores [31] comentaram que "até à década de 1970, a conservação do ambiente, a segurança alimentar e o desenvolvimento económico rural eram tratados como sectores independentes. Os maus resultados das abordagens sectoriais catalisaram os esforços para tratar simultaneamente os problemas ambientais e socioeconómicos. A identificação de intervenções "chave" de gestão dos recursos naturais é uma dimensão importante da gestão integrada. O complemento do conhecimento indígena e o envolvimento de toda a comunidade da aldeia na tomada de decisões parece ser o requisito fundamental em todo o Himalaia para integrar e conciliar diversas preocupações relacionadas com a reabilitação das terras. A grande variedade de condições biofísicas e socioeconómicas nos Himalaias exige abordagens flexíveis e adaptáveis para a identificação de tecnologias de reabilitação adequadas.

O bioregionalismo, embora simples no conceito, tem-se revelado até agora operacionalmente intratável. A chave para fazer funcionar o bioregionalismo é uma análise atenta das fronteiras e do seu significado. A maioria das nossas fronteiras políticas não tem qualquer relação com as "**eco-regiões**" ou "**bio-regiões**" da Terra - regiões definidas pelo seu biota. Mas uma análise atenta das fronteiras legais revela frequentemente que, apesar de não estarem relacionadas com as realidades biofísicas, são, no entanto, fixas e poderosas.

Também se percebeu a importância de uma maior mobilidade organizacional, de gestão e cultural no espaço e no tempo em relação à gestão dos recursos naturais. As actividades dos agentes externos intervenientes podem influenciar profundamente a relação das comunidades locais com os recursos naturais. O impacto crescente que os agentes externos estão a ter nos ambientes locais é muito evidente. Devido às possibilidades oferecidas pela revolução das tecnologias da informação e da comunicação, tornou-se mais fácil para os agentes ricos em recursos intervir em ambientes naturais longínquos; e um número crescente de agentes, especialmente filantropos abastados, sente-se mesmo no direito de o fazer. No entanto, embora a sua intervenção tenha como objetivo a conservação, têm frequentemente um grande impacto nas dinâmicas de poder locais.

Sob a tendência da conservação bioregional surge a questão da localização, sem a qual a globalização não pode ser entendida [15]. A natureza pode ser interpretada de múltiplas formas e a dialética global-local terá certamente um impacto claro nas questões de conservação num futuro não muito distante.

Outra tendência significativamente identificável na conservação da biodiversidade é a **"conservação desviada"**, um resultado da recente ênfase internacional na segurança. Paradoxalmente, este facto conduziu a uma revalorização das fronteiras, tornando a implementação de abordagens de conservação transfronteiriças e bioregionais surpreendentemente mais difícil. A ênfase internacional na segurança não inclui apenas questões diretamente relacionadas com o terrorismo e a segurança (como a defesa ou o controlo de armas), mas também questões associadas, como a economia, a saúde, a cultura e o ambiente, que se tornam armas estratégicas na guerra e são concetualmente reestruturadas para se enquadrarem no quadro da segurança e justificarem um maior controlo estatal.

A primeira consequência, o estreitamento das fronteiras na sequência da reafirmação do padrão nação-Estado, coloca, por sua vez, novos problemas e desafios ao desenvolvimento de áreas de conservação transfronteiriças. Outro efeito paradoxal da tendência de segurança é que a conservação e a gestão das Áreas Protegidas parecem ter-se tornado mais marginalizadas. A natureza tornou-se um peão estratégico na "guerra contra o terrorismo" e nos debates sobre segurança internacional. Para além de se ter transformado numa mercadoria, o valor da natureza passou a ser mais considerado por razões de segurança do que para fins de conservação [32].

MEDIDAS PARA A GESTÃO SUSTENTÁVEL DOS RECURSOS

O desenvolvimento sustentável exige a conciliação do **desenvolvimento económico,** da **equidade social e** da **proteção do ambiente -** os "**três pilares**" da sustentabilidade. No centro desta procura de sustentabilidade está a necessidade de poder viver **dentro dos limites ecológicos ou de conter a "ultrapassagem ecológica"**. O esgotamento dos recursos ecológicos compromete sistematicamente a **qualidade de vida**, que é o produto da interação entre as condições sociais, sanitárias, económicas e ambientais. **A contabilidade sistemática dos recursos - que documenta o efeito cumulativo do consumo de capital natural e da produção de resíduos pela humanidade** - é fundamental para alcançar a sustentabilidade. Na sua essência, **a sustentabilidade exige que não transformemos os nossos recursos em resíduos a um ritmo mais rápido do que a natureza consegue reciclar os resíduos em recursos.** A luta por um ambiente mais limpo e mais verde é uma tentativa de viver dentro da nossa **bio-capacidade**, de limitar a nossa **pegada ecológica**, de alcançar os **cinco "R" de reduzir, reutilizar, reciclar, restaurar, reabastecer - integrando** assim **o ambiente com a sociedade e a economia**, o princípio subjacente à gestão sustentável dos recursos.

O equilíbrio com a natureza enfatiza a distinção entre **a utilização de** recursos e **a sua exploração.** Existe um nível de intensidade da habitação humana em que os recursos consumidos serão repostos através dos ciclos naturais de reposição das estações, criando um equilíbrio ambiental. ***"Enquanto a natureza puder ressurgir todos os anos, enquanto a biomassa puder sobreviver no seu próprio ecossistema, enquanto os locais de reprodução da fauna e da avifauna forem seguros, enquanto*** *não houver erosão e a biomassa se mantiver, a natureza está apenas a ser utilizada."*

O CAMINHO PARA A SUSTENTABILIDADE CONTINUA...

O período **2011-2020** é "***a Década das Nações Unidas para a Biodiversidade, com o objetivo de contribuir para a implementação do Plano Estratégico para a Biodiversidade"*** e para a visão global de viver em harmonia com a natureza.

Os três objectivos da Década são os seguintes

- Fornecer um quadro flexível para a implementação do Plano Estratégico para a Biodiversidade 2011-2020 e dos Objectivos de Biodiversidade de Aichi
- Apoiar e orientar as organizações regionais e internacionais que desempenham um papel na execução do Plano Estratégico e na realização dos objectivos.

- Continuar a sensibilizar o público para as questões da biodiversidade.

Numa altura em que se está a ganhar um ímpeto considerável para a implementação do Plano Estratégico para a Biodiversidade (2011-2020), incluindo os **Objectivos de Biodiversidade de Aichi**, a experiência indiana de utilização de uma série de modelos de conservação de recursos para equilibrar a conservação e o desenvolvimento tem imensa relevância para os países de todo o mundo.

Para promover **a Educação para o Desenvolvimento Sustentável** (EDS), foi adoptada a **Década** das Nações Unidas **da Educação para o Desenvolvimento Sustentável** (DDS), **2005-2014**, tendo a UNESCO sido designada como a principal agência de promoção ao longo da década. A década tem como objetivo uma visão global ***"de um mundo onde todos tenham a oportunidade de beneficiar de uma educação de qualidade e de aprender os valores, os comportamentos e os estilos de vida necessários para um futuro sustentável e para uma transformação social positiva".***

O objetivo da década, tal como definido pela UNESCO, é integrar os princípios, valores e práticas do desenvolvimento sustentável em todos os aspectos da educação e da aprendizagem. O objetivo é encorajar mudanças de comportamento que criarão um futuro mais sustentável. Um dos aspectos mais importantes da DDS é o reconhecimento de que a EDS deve envolver um vasto leque de intervenientes do governo, do sector privado, da sociedade civil, das organizações não governamentais e do público em geral.

No seu Programa Internacional de Implementação da EDS, a UNESCO afirma que a EDS tem fundamentalmente a ver com **valores, em particular o respeito pelos outros, incluindo os das gerações actuais e futuras, pela diferença e pela diversidade, pelo ambiente e pelos recursos do planeta** (UNESCO, 2006). A educação permite-nos compreendermo-nos a nós próprios e aos outros e as nossas ligações com o ambiente natural e social mais vasto; esta compreensão serve de base duradoura para a construção do respeito. Juntamente com um sentido de justiça, responsabilidade, exploração e diálogo, a EDS visa levar-nos a adotar comportamentos e práticas que nos permitam viver uma vida plena sem sermos privados das necessidades humanas básicas.

Como afirma o documento da UNESCO:

A consecução da sustentabilidade dependerá, em última análise, de mudanças de comportamento e de estilos de vida, mudanças essas que terão de ser motivadas por uma mudança de valores e enraizadas nos preceitos culturais e morais em que se baseia o comportamento. Sem uma mudança deste tipo, mesmo a legislação mais esclarecida, a tecnologia mais limpa e a investigação mais sofisticada não conseguirão conduzir a sociedade para o objetivo a longo prazo da sustentabilidade. '

Fonte: UNESCO (1997) Educar para um Futuro Sustentável: Uma visão transdisciplinar para uma ação concertada, parágrafo 103 [33]

Tal como sublinhado no novo Quadro Global para a Biodiversidade e os Ecossistemas 2012-2020 do PNUD, ***O Futuro que Queremos: Biodiversidade e Ecossistemas - Impulsionar o Desenvolvimento Sustentável,*** temos de libertar o potencial dos recursos naturais e proteger a biodiversidade, contribuindo simultaneamente para o desenvolvimento sustentável. Em conclusão, os três segmentos da sustentabilidade - ecologia, economia e sociedade - devem ser abordados com base nos princípios supremos da **conservação**, **utilização** e **regeneração** para preservar os elos cruciais da teia da vida e da natureza.

Referências

1. Ramakrishnan, P.S., 2003. Alterações globais, gestão dos recursos naturais e desenvolvimento sustentável: uma introdução. Tropical Ecology 44(1): 1-6.
2. Stebbing, E.P. 1922. The Forests of India, 1: 72-81.
3. Barton, Greg. 2002. Empire Forestry and the Origins of Environmentalism. Cambridge University Press, pp. 48.
4. Muthiah, S. 05 de novembro de 2007. Uma vida para a silvicultura. Metro Plus Chennai (The Hindu). Recuperado em 2009-03-09
5. Cleghorn, Hugh Francis Clarke. 1861. The Forests and Gardens of South India (original da Universidade de Michigan, digitalizado em 10 de fevereiro de 2006). Londres: W. H. Allen.
6. Oliver, J.W. 1901. Forestry in India. The Indian Forester v.27 (Original da Universidade de Harvard, ed. digitalizada em 4 de abril de 2008). Allahabad: R. P. Sharma, Diretor Comercial, Indian Forester. pp. 617-623.
7. Gadgil, Madhav e Guha, Ramachandra. 1993. This Fissured Land: An Ecological History of India. University of California Press
8. Weil, Benjamin. 2006. Conservation, Exploitation, and Cultural Change in the Indian Forest Service [Conservação, Exploração e Mudança Cultural no Serviço Florestal Indiano]. História Ambiental, 11#2 online 1875-1927.
9. Arunachalam, V. 2001. A ciência por detrás da tradição. Current Science, 80: 1272-1275.

10. Sen, S. 2011. From Abundance to Scarcity: Education for Water Conservation, Actas do Seminário "Emerging Trends in Contemporary Education : Implications for 21st Century - A Sequel", pp.78-82. ISBN 978-81-922305 - 1-1
11. Briers, R. A. 2002. Incorporar a conetividade nos procedimentos de seleção de reservas. Biological Conservation, 103: 77-83.
12. Ervin, J, N. Sekhran, A. Dinu, S. Gidda, M. Vergeichik e J. Mee. 2010. Protected Areas for the 21st Century: Lessons from UNDEP/GEF's Portfolio. Programa das Nações Unidas para o Desenvolvimento e Convenção sobre a Diversidade Biológica, Washington D.C. e Montreal.
13. Adams, W.M. 2004. Against Extinction: The Story of Conservation. Londres: Earthscan.
14. Agrawal, A. e K. Redford (2009). Conservation and displacement: an overview (Conservação e deslocação: uma visão geral). Conservation & Society, vol. 7, no.1, pp. 1-10.
15. Sen, S. 2011. Blueprint for Sustainability : The Many Faces of Resource Management, Actas do Seminário "Sustainable Resource Management : Mito ou Realidade", pp. 7683. ISBN 978-81-922305 -6-6
16. Larson, A.M., D. Barry e G.R. Dahal 2010. Tenure change in the Global South (Mudança de posse no Sul Global). Em Forests for People: Community Rights and Forest Tenure Reform, A.M. Larson e outros ed., Londres. Londres: Earthscan, pp. 3-18.
17. Edmunds, D., E. Wollenberg, P. Contreras, L. Dachang, G. Kelka, D. Nathan, M. Sarin e N.M. Singh. 2003. "Introdução". Em D. Edmunds e E. Wollenberg (eds.) Local Forest Management: The Impact of Devolution Policies. Earthscan Publication Ltd: Londres.1-19.
18. Sen, S. 2010. Towards Sustainability : Through Environmental Psychology, Actas do Seminário "Emerging Trends in Contemporary Education : Implications for 21st Century," pp. 91- 94. ISBN 978-81-922305-0-4
19. Pathak, N. ed. 2009. Community Conserved Areas in India- A Diretory [Áreas de Conservação Comunitária na Índia - Um Diretório]. Pune/Nova Deli: Kalpavriksh
20. Hutton, J.M. e N. Leader-Williams 2003. Sustainable use and incentive-driven conservation: realigning human and conservation interests. Oryx, 37(2), pp. 215-226.
21. Wells, M., K. Brandon e L. Hannah 1992. People and Parks: Linking Protected Area Management with Local Communities. Banco Mundial, World Wildlife Fund em associação com a U.S. Agency for International Development, Washington, DC.
22. Venkataraman, A. 2000. Incorporating traditional coexistence propensities into management of wildlife habitats in India (Incorporação de propensões tradicionais de coexistência na gestão de habitats de vida selvagem na Índia). Current Science, 79: 1531-1535.
23. Agarwal, A., Narain, S. e Khurana, I. (eds.) 2000. Making water everybody's business: practice and policy of water harvesting. Centro para a Ciência e o Ambiente, Nova Deli.
24. Tideman, E.M.1999. Watershed management, guidelines for Indian Conditions. Publicações Científicas Omega, Nova Deli.

25. Sen, S. 2013. Do conflito à cooperação: "Água para a vida". Musings, 4:17-21, Colégio Uluberia. ISSN 0975-8054
26. Barrow, 1999. Alternative Irrigation, The Promise of Runoff agriculture. Earthscan Publications Limited, Londres.
27. Koenig, Klaus. 2001. The Rainwater Technology Handbook: Rainharvesting in Building. Wilobrain, Alemanha.
28. Arora, R.K. 1997. Ethnobotany and its role in Conservation and Use of Plant Genetic Resources in India (Etnobotânica e seu papel na conservação e utilização de recursos fitogenéticos na Índia). Journal of Ethnobotany, 9:6-15.
29. Mashelkar, R. A. 2001. Intellectual property rights and the Third World [Direitos de propriedade intelectual e o Terceiro Mundo]. Current Science, 81: 955-965.
30. Swanson, Timothy M. 1994. The Economics of Extinction Revisited and Revised: A Generalised Framework for the Analysis of the Problems of Endangered Species and Biodiversity Losses, Oxford Economic Papers, Oxford University Press, 46 : 800-821.
31. Saxena, K.G., Rao, K.S., Maikhuri, R.K., Semwal, R.L. e Sen, K.K., 2001. Integrated natural resource management: approaches and lessons from the Himalaya (Gestão integrada dos recursos naturais: abordagens e lições dos Himalaias). Conservation Ecology, 5, artigo 14. (em linha) URL:http://www.consecol.org./vol15/iss2/art14.
32. Tilman, D. 2000. Causas, consequências e ética da biodiversidade. Nature, 405: 208-211.
33. UNESCO 1997. Educar para um futuro sustentável: Uma visão transdisciplinar para uma ação concertada, parágrafo 103.

Carbono Azul e Alterações Climáticas: Revisitando o Ecossistema de Sunderbans (Mangue)

Resumo

Designada como Património Mundial das Nações Unidas, tanto na Índia como no Bangladesh, a Reserva da Biosfera de Sunderbans é o habitat do tigre de Bengala, bem como de numerosas outras espécies raras e ameaçadas de aves, répteis e mamíferos aquáticos. Os mangais, a erva dos pântanos, os fitoplânctons, os moluscos e outra vegetação costeira do maior delta do mundo são os absorvedores naturais de dióxido de carbono (CO2). O carbono bloqueado nestas plantas é conhecido como "Blue Carbons". A absorção de CO2 é um processo que desempenha um papel na redução do aquecimento da Terra e de outros efeitos adversos das alterações climáticas.

Mas, de forma alarmante, a enorme floresta de mangais está a perder rapidamente a sua capacidade de absorver o dióxido de carbono, um dos principais gases com efeito de estufa, da atmosfera devido ao aumento da salinidade da água, à desflorestação descontrolada e à poluição. É necessária uma abordagem de género para a conservação dos mangais, a fim de promover uma conservação inovadora, sustentável e equitativa, integrando assim o ambiente na sociedade e na economia, o princípio subjacente à gestão sustentável dos recursos.

Palavras-chave: Carbono azul, alterações climáticas, conservação de mangais de base comunitária, sustentabilidade

Introdução

Designada como Património Mundial das Nações Unidas tanto na Índia como no Bangladesh, a Reserva da Biosfera de Sunderbans abrange cerca de 10 000 quilómetros quadrados e é a maior floresta de mangais do mundo. Sundarbans (que significa "bela floresta" em bengali) é uma vasta área no delta do Ganges que inclui uma rede de várias ilhas pantanosas e baixas. A área é única, tanto do ponto de vista ecológico, pois é o habitat do tigre de Bengala, que se alimenta do homem, como do ponto de vista cultural - hindus e muçulmanos veneram uma divindade chamada Bonobibi.

A floresta serve de habitat ao tigre de Bengala, bem como a numerosas outras espécies de aves, répteis e mamíferos aquáticos raros e ameaçados de extinção. Cerca de 300 espécies de árvores e ervas e cerca de 425 espécies de vida selvagem, incluindo o tigre de Bengala, sobrevivem neste ecossistema. De uma área total de 0,6 milhões de hectares de Sundarbans, 0,4 milhões de hectares são áreas florestais, sendo a parte restante constituída por massas de água que, na sua maioria, correm para o mar a sul. Esta floresta de mangue é predominantemente um ecossistema florestal tolerante ao sal, com exceção de cerca de 856,7 milhões de árvores Sundari *(Heritiera fames)* que são menos tolerantes ao sal. As árvores Sundari estão, no entanto, ameaçadas de extinção, "principalmente devido ao facto de sofrerem de uma doença que provoca a morte da copa, causada sobretudo pelo aumento da salinidade das águas circundantes". [1]

Os mangais de Sunderban e o armazenamento de carbono azul

A capacidade dos mangais, das ervas marinhas e das salinas para sequestrarem dióxido de carbono da atmosfera é cada vez mais reconhecida a nível internacional. De todo o carbono biológico, também designado por "carbono verde", capturado no mundo, mais de metade (55%) é capturado por mangais, ervas marinhas, salinas e outros organismos vivos marinhos, conhecidos mais especificamente como "carbono azul".

Os mangais têm potencial para se adaptarem à subida do nível do mar, capturam as escorrências da erosão do solo, levando à acreção das zonas costeiras, e são, naturalmente, impressionantes sumidouros de "carbono azul". O carbono azul foi definido como "o carbono armazenado, sequestrado ou libertado dos ecossistemas costeiros de sapais, mangais e prados de ervas marinhas".[3] Estes ecossistemas marinhos e costeiros armazenam grandes quantidades de carbono nas plantas e nos sedimentos que se encontram por baixo delas. Quando estes ecossistemas são degradados ou destruídos - o que está a ocorrer a taxas anuais de 0,7% a 2,1% para os mangais, 1% a 2% para os pântanos salgados e 1,2% a 2% para os prados de ervas marinhas - são libertadas quantidades significativas de dióxido de carbono para a atmosfera, contribuindo para o risco de alterações climáticas.[4]

Os Sunderbans constituem as florestas mais ricas em carbono dos trópicos, com um elevado potencial de sequestro de carbono, o que significa que a sua degradação e perda reduzem substancialmente a nossa capacidade de atenuar e de nos adaptarmos às alterações previstas das condições climáticas. A sua degradação liberta também grandes quantidades de "carbono azul" armazenado nos sedimentos para a atmosfera, um processo que tem sido subestimado até há pouco tempo.

Estas vegetações costeiras sequestram o carbono muito mais eficazmente (até 100 vezes mais depressa) e de forma mais permanente do que as florestas terrestres. Além disso, estudos demonstraram que, por hectare, as florestas de mangue armazenam até cinco vezes mais carbono do que a maioria das outras florestas tropicais do mundo. Esta capacidade dos mangais e de outra vegetação costeira para armazenar quantidades tão grandes de carbono deve-se, em parte, aos solos profundos e ricos em matéria orgânica em que se desenvolvem. Os sistemas de raízes emaranhadas dos mangais, que ancoram as plantas em sedimentos subaquáticos, abrandam a entrada das águas das marés, permitindo que o material orgânico e inorgânico se deposite na superfície do sedimento. Os sedimentos sob estes habitats são caracterizados por condições de oxigénio tipicamente baixas, o que abranda o processo e as taxas de decomposição, resultando na acumulação de quantidades muito maiores de carbono no solo. De facto, os mangais têm mais carbono só no seu solo do que a maioria das florestas tropicais tem em toda a sua biomassa e solo combinados.

As compensações de carbono baseadas na proteção e recuperação da vegetação costeira poderão, por conseguinte, ser muito mais rentáveis do que as actuais abordagens centradas nas florestas terrestres e turfosas, mesmo antes de se ter em conta os enormes benefícios adicionais para a pesca, a proteção costeira e os meios de subsistência dos habitantes das zonas costeiras. Por conseguinte, cortar os mangais significa libertar maiores quantidades de carbono para a atmosfera. Isto, por sua vez, faz com que o solo húmido seque, levando à libertação de ainda mais carbono armazenado para a atmosfera. As estimativas sugerem que entre 150 milhões e mil milhões de toneladas de CO_2 são emitidas anualmente devido à destruição das florestas de mangais a nível mundial. Assim, à escala global, a destruição das zonas húmidas costeiras pode representar 1-3% das emissões industriais; um número que está a aumentar à medida que cada vez mais zonas húmidas costeiras são destruídas todos os anos em todo o mundo. Assim, as florestas de mangue oferecem uma abordagem única e altamente eficiente para a mitigação e adaptação às alterações climáticas.

A Convenção-Quadro das Nações Unidas sobre as Alterações Climáticas (CQNUAC) considerou a conservação e a recuperação das florestas um aspeto importante da atenuação das alterações climáticas através do seu mecanismo REDD+ (redução das emissões resultantes da desflorestação e da degradação). Alargar estas abordagens de modo a incluir outros sistemas naturais, como os ecossistemas de carbono azul, poderia ajudar a reduzir as emissões resultantes da degradação e destruição destas áreas. A CQNUAC apelou à gestão sustentável, à conservação e ao reforço dos "sumidouros e reservatórios de todos os gases com efeito de estufa não controlados pelo Protocolo de Montreal, incluindo ... os oceanos, bem como ... outros ecossistemas costeiros e marinhos". Por conseguinte, é possível integrar os ecossistemas costeiros nos mecanismos da CQNUAC já existentes.[3]

De acordo com um estudo financiado pelo Governo da União Europeia intitulado "Blue Carbon Estimation in Coastal Zone of Eastern India - Sunderbans" (Estimativa do carbono azul na zona costeira do leste da Índia - Sunderbans), a enorme floresta de mangais está a perder rapidamente a sua capacidade de absorver o dióxido de carbono, um dos principais gases com efeito de estufa, da atmosfera devido ao aumento da salinidade da água, à desflorestação descontrolada e à poluição. Segundo o estudo, os mangais, a erva dos pântanos, os fitoplânctons, os moluscos e outra vegetação costeira do maior delta do mundo são os absorvedores naturais de dióxido de carbono (CO_2). O carbono bloqueado nestas plantas é conhecido como "Blue Carbons". A absorção de CO_2 é um processo que desempenha um papel na redução do aquecimento da Terra e de outros efeitos adversos das alterações climáticas. Os investigadores que efectuaram o estudo mostraram-se preocupados, especialmente com a zona central de Sunderbans, uma das três zonas em que a floresta foi dividida para o estudo, sendo as outras duas ocidentais e orientais. A situação, especialmente na parte central, é bastante alarmante. A capacidade de absorção do dióxido de carbono pela floresta de mangue, especialmente pelas espécies de Byne, diminuiu significativamente, afectando todo o ecossistema da zona. O estudo centrou-se principalmente na espécie de mangue Byne. Existem 34 outras espécies de mangais na floresta, incluindo Keora e Genwa. A perda de mangais contribuiu para metade da redução total das reservas de carbono azul, seguida, na classificação, pela degradação ou perda de prados de ervas marinhas e, depois, pelos pântanos de maré.

A situação é preocupante porque a menor absorção de CO2 da atmosfera significa uma maior proporção de CO2 na atmosfera, que retém o calor. As principais causas de uma situação tão alarmante nos Sunderbans são o aumento da salinidade da água e as actividades humanas, como a criação de camarões, as indústrias de fornos e a desflorestação. Os mangais desenvolvem-se com água doce, mas devido à falta de água doce, a altura dos mangais diminuiu significativamente, o que reduz a sua capacidade de absorção de carbono. Devido à deposição de lodo na confluência dos rios Vidyadhari e Matla, a água doce não consegue entrar no rio Matla, o que provoca um aumento da sua salinidade. A incursão humana nestas zonas para actividades como a criação de camarões, a instalação de uma indústria de fornos de tijolos e a desflorestação agravou o problema.

Dada a disponibilidade de água doce na parte oriental dos Sunderabans, as árvores são mais altas e a incursão humana também é menor. A parte ocidental também era alimentada por um abastecimento regular de água doce proveniente do rio Hooghly . De acordo com o estudo, se não forem tomadas medidas para remover os depósitos de lodo no ponto de encontro dos rios Vidyadhari e Malta, a situação poderá agravar-se. O relatório sugeria a dragagem do canal e a florestação, para além do controlo da criação de camarões.

O papel dos mangais na mitigação e adaptação às alterações climáticas

Os mangais desempenham um papel vital nos ecossistemas costeiros e nas cadeias alimentares, apoiando comunidades de peixes e mariscos. Os mangais são árvores e arbustos tolerantes ao sal que ajudam a proteger as zonas costeiras das tempestades tropicais cada vez mais intensas, das ondas e da erosão. Ao servirem de barreira contra as inundações, podem reduzir os danos causados por tempestades como os ciclones. Os danos e a erosão dos mangais deixam a costa cada vez mais exposta e, por conseguinte, mais vulnerável às tempestades.

As zonas costeiras densamente povoadas, como o delta do Ganges-Brahmaputra, são as mais vulneráveis a tempestades mortais. Os cientistas determinaram que mangais intactos e saudáveis no estado indiano de Orissa salvaram muitas vidas num ciclone de 1999 com origem na Baía de Bengala. Outro estudo concluiu que o tsunami do Oceano Índico de 2004 causou muito menos danos em zonas do sudeste da Índia protegidas por mangais e outras florestas, e as simulações mostram que uma densa cintura de mangais pode reduzir drasticamente o pico de pressão de uma onda de tsunami.

As florestas de mangais de Sundarbans constituem uma defesa importante para limitar os impactos das alterações climáticas, protegendo as zonas costeiras de tsunamis e ciclones. Todos os anos, formam-se na Baía de Bengala cerca de oito tempestades com ventos sustentados de velocidade superior a 63 km por hora, sendo que, em média, duas se transformam em ciclones tropicais. Os ciclones tropicais Sidr, em 2007, e Aila, em 2009, causaram danos consideráveis.

A tendência a longo prazo é que a frequência dos ciclones diminua ligeiramente, enquanto a intensidade dos ciclones aumenta. Os mangais funcionam todos os anos como um escudo biológico que protege as comunidades costeiras dos piores efeitos das tempestades. A perda de mangais aumenta o risco de catástrofe para as populações locais devido a tempestades e inundações.

A aceleração da subida do nível do mar devido ao aquecimento global é suscetível de submergir os Sundarbans5 , o que eliminaria a proteção que proporcionam contra as tempestades tropicais cada vez mais intensas da região. Ao absorverem parte da força do vento e das ondas e ao servirem de barreira contra inundações, os mangais podem diminuir os danos causados por ciclones e outras tempestades. No início de 2010, uma ilha disputada de Sundarbans desapareceu sob a subida das águas da Baía de Bengala.[6] Os cientistas prevêem que, num cenário de emissões elevadas, a subida relativa do nível do mar irá provavelmente inundar a maior parte de Sundarbans em meados do século, podendo mesmo acabar com ela até ao final do século.[7] Sem os mangais de Sundarbans para servir de amortecedor, é provável que tempestades mais frequentes e intensas representem um perigo crescente para os habitantes da bacia do Ganges, incluindo cidades como Calcutá, pondo em risco vidas e meios de subsistência.[8]

Desafios para os ecossistemas de mangais

Apesar das diversas funções dos mangais, estes ecossistemas são frequentemente vistos como terrenos baldios sem valor disponíveis para outras utilizações. Esta negligência em relação à proteção dos mangais está a conduzir a uma taxa de destruição mais rápida dos mangais em todo o mundo do que das florestas tropicais. A perda mais substancial da cobertura de mangais do mundo deve-se à sua conversão para outras utilizações do solo, como a expansão das zonas urbanas, o desenvolvimento industrial, a aquicultura, o desenvolvimento agrícola e o fabrico de carvão vegetal. Entre estas, a aquicultura de camarão tem sido o maior fator de destruição dos mangais, sobretudo no Sudeste Asiático.

Um dos principais desafios que se colocam à conservação dos mangais é a compreensão inadequada das suas múltiplas funções, devido a uma investigação deficiente, nomeadamente nos domínios da atenuação e adaptação às alterações climáticas. Em comparação com os ecossistemas terrestres, a investigação sobre os sistemas costeiros e marinhos está atrasada cerca de uma década. Existem exemplos isolados de alguns estudos de investigação muito úteis, mas continua a faltar uma descrição exaustiva dos vários papéis ecológicos, económicos e biofísicos desempenhados pelas florestas de mangue. A fim de aumentar a sensibilização para os múltiplos benefícios dos ecossistemas de mangais, é necessário realizar mais investigação e concentrar-se mais na expansão das áreas de mangais, em participação com as comunidades locais e outras partes interessadas importantes.

Se não houver cortes profundos e rápidos nas nossas emissões que provocam o aquecimento, a maior parte dos Sundarbans poderá desaparecer debaixo de água e os que restarem poderão ser ameaçados pela incursão da água salgada. Um documento de 2010 - *Impact of Climate Change on*

"Sundarbans", the largest mangrove forest: ways forward [1] - sugere que a alteração da salinidade é o principal processo de degradação do ecossistema, quer através da subida do nível do mar proveniente da Baía de Bengala, quer através da redução do fluxo de água doce. O ecossistema de Sundarbans é um equilíbrio entre a água doce e as zonas húmidas salgadas do oceano. Necessita do fluxo de água doce *através dos* rios Ganges e Gorai, especialmente durante os períodos de seca, para equilibrar a intrusão salina.

As árvores Sundari estão a morrer substancialmente na floresta. As árvores de sundari em Sundarbans estão a ser destruídas na sequência do surto da doença que provoca a morte da copa, conhecida localmente como "agamora". Teme-se que esta espécie de árvore possa ser rapidamente levada à extinção devido à rápida propagação da doença. "Os efeitos adversos do aumento da salinidade no ecossistema de Sundarbans manifestam-se na morte das copas das árvores Sundari, no retrocesso dos tipos de floresta, no crescimento lento da floresta e na redução da produtividade dos sítios florestais."

O carbono azul não surgiu como um ponto específico da agenda de negociações. Embora o carbono azul não esteja a fazer progressos substanciais nas negociações oficiais, vários países e ONGs ainda acreditam que o processo da UNFCCC pode criar incentivos para o carbono azul. Em vez de trabalhar para incluir o carbono azul explicitamente no processo, as partes podem trabalhar para garantir que os sistemas existentes, como REDD+, ou o desenvolvimento de ações de mitigação nacionalmente apropriadas (NAMAs), sejam relevantes para o carbono azul, ou pelo menos não trabalhem contra ele. Além disso, a expressão carbono azul parece ser usada com menos frequência na UNFCCC. Em vez disso, pode ser apropriado modificar a linguagem para que fique mais logicamente ligada à linguagem já utilizada pela UNFCCC.

Para os residentes de cidades como Calcutá, o maior perigo virá provavelmente das marés mais altas e das tempestades mais intensas - com as vagas de tempestades não controladas pelos mangais em vias de desaparecimento dos Sundarbans.[8] À medida que o nível do mar sobe e os padrões das tempestades se alteram na Baía de Bengala, os cientistas prevêem um aumento dos níveis extremos de água perto de Calcutá.[9] As escolhas que fizermos hoje poderão determinar se os Sundarbans, ecologicamente ricos, continuarão no mapa - afectando a própria sobrevivência das pessoas em Calcutá e em toda a bacia do Ganges.

Conservação dos mangais com base na comunidade e empoderamento das mulheres: o caminho a seguir

A abordagem *de gestão dos recursos naturais baseada na comunidade* combina objectivos de conservação com a geração de benefícios económicos para as comunidades rurais. Um ponto-chave subjacente aos modelos baseados na comunidade é o facto de as comunidades locais possuírem capacidades inerentes de gestão dos recursos, pelo que apenas é necessário estabelecer a estrutura de incentivos adequada. 1[0, 11]

A Índia tem experimentado o conceito de cogestão de recursos naturais estatais, como as florestas. Embora o envolvimento da comunidade na gestão das florestas estatais tenha uma longa história, foram algumas experiências bem sucedidas de envolvimento da comunidade em terras florestais estatais, na década de 1980, que lançaram as sementes da Gestão Florestal Conjunta (GFC). No âmbito da GFJ, o Departamento Florestal do Estado celebra um acordo com a comunidade local, à qual é permitido um maior acesso aos recursos florestais, bem como uma parte das receitas, em troca da proteção das florestas contra a extração não autorizada, a invasão e os danos. Um dos atributos importantes do programa indiano foi o envolvimento das mulheres nestes comités, com igual participação e, mais importante ainda, com igual rendimento.[12,13] O trabalho de conservação das florestas e de recuperação dos mangais é uma fonte de rendimento particularmente importante para as mulheres, elevando o seu estatuto social.

A importância de atribuir às mulheres um papel central na conservação dos mangais está a ser reconhecida nos Sundarbans. Há relatos de que as mulheres de toda a região se tornaram defensoras dos mangais, guardando e plantando cinturões de mangais nas suas aldeias. As mudas de mangue são cultivadas em viveiros de pequenas aldeias antes de serem plantadas. Para salvar os mangais do mundo da degradação e do desaparecimento, é necessário procurar novas e mais bem sucedidas abordagens de conservação e gestão. É necessária uma abordagem da conservação dos mangais baseada no género, a fim de promover uma conservação inovadora, sustentável e equitativa, integrando assim o ambiente na sociedade e na economia, princípio subjacente à gestão sustentável dos recursos. [14, 15]

Referências

1. Syed Azizul Haq, 2010. *Impacto das alterações climáticas em "Sundarbans", a maior floresta de mangais : ways forward* , 18th Commonwealth Forestry Conference, Edinburgh. 28 de junho - 2 de julho de 2010.
2. Organização das Nações Unidas para a Educação, a Ciência e a Cultura (UNESCO). Sítios do Património Mundial: Parque Nacional de Sundarbans, Índia e Sundarbans, Bangladesh. Em linha em http://whc.unesco.org/ en/ list/ 452 ehttp://whc.unesco.org/ en/ list/ 798. Acedido em 18 de maio de 2010.
3. Herr, D., E. Pidgeon, e D. Laffoley (eds.) 2012. *Blue Carbon Policy Framework: Based on the discussion of the International Blue Carbon Policy Working Group.* Gland, Suíça: União Internacional para a Conservação da Natureza e Arlington, Virgínia: Conservation International.
4. Pendleton L, Donato DC, Murray BC, Crooks S, Jenkins WA, et al. 2012. *Estimating Global "Blue Carbon" Emissions from Conversion and Degradation of Vegetated Coastal Ecosystems* PLoS ONE 7(9): e43542. doi:10.1371/journal.pone.0043542
5. Mohal, N., Z.H. Khan, N. Rahman. 2006. Impacto da subida do nível do mar nos rios

costeiros de Bangladesh. Divisão Costeira, Portuária e Estuarina, Instituto de Modelação da Água (IWM), Bangladesh. Online em: www.riversymposium.com/ 2006/ index. php? element=06MOHALNasreen. Acedido em 17 de maio de 2010.

6. "Ilha disputada na Baía de Bengala 'desaparece', dizem cientistas". 2010. BBC News. Online em http://news.bbc.co.uk/ 2/ hi/ south_asia/ 8584665.stm. Acedido em 18 de maio de 2010.
7. Nicholls, R.J., P.P. Wong, V.R. Burkett, J.O. Codignotto, J.E. Hay, R.F. McLean, S. Ragoonaden, e C.D. Woodroffe. 2007. Coastal systems and low-lying areas. In: *Climate change 2007: Impacts, adaptation and vulnerability*. Contribuição do Grupo de Trabalho II para o Quarto Relatório de Avaliação do Painel Intergovernamental sobre as Alterações Climáticas, editado por M.L. Parry, O.F. Canziani, J.P. Palutikof, P.J. van der Linden, e C.E. Hanson. Cambridge University Press, 315-356.
8. Douglas, B.C. 1997. Global sea rise: A redetermination. *Surveys in Geophysics* 18: 279292.
9. Mitchell, J.F.B., J. Lowe, R.A.Wood e M. Vellinga. 2006. Extreme events due to human-induced climate change. *Philos. T. Roy. Soc. A* 364, 2117-2133.
10. Sen, Supatra 2011. Blueprint for Sustainability : The Many Faces of Resource Management, Actas do Seminário "Sustainable Resource Management : Mito ou Realidade", pp. 76-83. ISBN 978-81-922305 -6-6
11. Sen, Supatra 2014. Mudando as perspectivas na gestão da biodiversidade. J. Environ. & Sociobiol. 11(1): 117-122.
12. Sen, Supatra 2014. "Towards Sustainability: Blueprint for Resource Management" in Progress in Science *vis-a-vis* Environment, Dr. D. Choudhury & Dr. S.S. Nag (ed.) pp.5663. ISBN 978-93-5174-670-6
13. Sen, Supatra 2014. Ciência da Diversidade Biológica: Abordagens de Gestão para a Conservação Sustentável. Biodiversidade e meios de subsistência: Proc. Nat. Conf. Biod., A.K. Sanyal, S.K.Gupta, S.Manna (ed.) pp. 347-352. ISBN 978-93-92258-17-9
14. Sen, Supatra 2015. "Gestão sustentável de recursos: Myth Or Reality" in Biodiversity, Conservation And Sustainable Development: Issues And Approaches Volume-1 (Ed. Dr. P. Jha), New Academic Publishers, New Delhi-110002, pp.1-18. ISBN : 978-81-86772-75-1
15. Sen, Supatra 2015. "Journey to Sustainability: Approaches for Resource Conservation - Retrospect & Prospect" in Environmental History of India, Publ. Print Gallery, Dr. M. Ray (ed.) pp. 48-65. ISBN 978-81-928645-6-8

Zonas húmidas de Calcutá Oriental - Fusão de tecnologia e tradição

Resumo

Viajando ao longo da Eastern Metropolitan Bypass, que corre paralelamente à megacidade de Calcutá, a enorme extensão dos **pântanos de Calcutá Oriental** (EKW) é uma visão quotidiana para os habitantes da cidade. A zona húmida tem a **mais antiga tradição de recuperação de recursos** a partir dos resíduos da cidade, além de ser o maior sistema deste tipo no mundo. É conhecido não só como um ecossistema sensível de valor em termos de biodiversidade, mas mais especificamente como um exemplo de boas práticas na "**utilização sensata**" das zonas húmidas. Nas zonas húmidas de Calcutá, o tratamento das águas residuais como um recurso em vez de um poluente responde claramente ao desafio de encontrar um modelo de crescimento para um futuro sustentável.

Palavras-chave : Zonas húmidas de Calcutá Oriental, reciclagem de resíduos, recuperação de recursos, biodiversidade das zonas húmidas

Introdução

Viajando ao longo da Eastern Metropolitan Bypass, que corre paralelamente à megacidade de Calcutá, a enorme extensão das **zonas húmidas de Calcutá Oriental** (EKW) é uma visão diária para os habitantes da cidade. As EKW situam-se aproximadamente entre 22°25' e 22°40' de latitude norte e 88°20' e 88°35' de longitude leste, abrangendo uma área de cerca de 12 500 hectares que se estende por 37 mouzas nas esquadras de polícia de Tiljala, Sonarpur, Kolkata Leather Complex, Purba Jadavpur, South Bidhan Nagar e Rajarhat. As zonas húmidas foram originalmente formadas como uma bacia de transbordamento do rio Bidyadhari e foram agora convertidas num vasto pântano abandonado com a cessação do influxo das marés.

Por volta do início do século, estas zonas baixas eram centros florescentes de pisciculturas de água salobra. As zonas húmidas eram então alimentadas pelas marés da Baía de Bengala. Mas o processo natural de construção do delta, agravado pela intervenção humana, fez com que o fluxo das marés secasse e milhares de pessoas perderam os seus meios de subsistência. Contudo, na década de 1930, verificou-se que as águas residuais domésticas de Calcutá podiam constituir uma fonte alternativa de água para a pesca. A sobrevivência dos peixes em águas alimentadas por esgotos indicava que a matéria orgânica devia ter sofrido uma ação (decomposição), resultando assim na sua purificação. Tratava-se de uma dupla vantagem, uma vez que o esgoto orgânico estava a ser submetido a um "tratamento natural" e a produzir quantidades abundantes de alimentos para as variedades locais de peixes, que se desenvolvem em abundância.

Reciclagem de resíduos e recuperação de recursos

A zona húmida tem a **mais antiga tradição de recuperação de recursos** a partir dos resíduos da cidade, além de ser o maior sistema deste tipo no mundo. É conhecida não só como um ecossistema sensível de valor para a biodiversidade, mas mais especificamente como um exemplo de boas práticas na "**utilização sensata**" das zonas húmidas. A disponibilidade de água, ou mais precisamente de esgotos, constitui a espinha dorsal deste ecossistema único que fornece alimentos e meios de subsistência a um grande número de pessoas da população local [1]. A caraterística distintiva do EKW é o facto de ser o maior ecossistema de águas residuais do mundo, criado para sustentar **práticas integradas de recuperação de recursos multiusos** sob a forma de piscicultura, agricultura e horticultura num substrato de lixo. Além disso, verificou-se que o fertilizante orgânico produzido pelo processamento dos resíduos sólidos desta área é comercialmente importante.

O sistema de recuperação de recursos da EKW é constituído por três áreas: tanques de água doce e salobra alimentados com águas residuais ("bheris"), explorações de lixo e arrozais. Os bheris alimentados por esgotos produzem cerca de 8.000 toneladas de peixe por ano. As explorações de lixo produzem cerca de 150 toneladas de legumes frescos por dia, enquanto os arrozais produzem quase 16 000 toneladas de arroz por ano. Para além dos benefícios óbvios da produção de alimentos, as antigas lixeiras de resíduos sólidos foram agora convertidas em terras cultivadas e os efluentes das pescarias alimentadas com águas residuais são espalhados na terra, fornecendo água e nutrientes para as culturas cultivadas nesses campos.

As áreas sob a alçada da Corporação Municipal de Calcutá geram diariamente cerca de 600 milhões de litros de esgotos e águas residuais e mais de 2.500 toneladas métricas de lixo. As águas residuais correm através de esgotos subterrâneos para estações de bombagem na orla oriental da cidade e são depois bombeadas para canais abertos. De seguida, os esgotos e as águas residuais são levados para as pescarias da EKW pelos proprietários das pescarias. Aqui, após alguns dias, os compostos orgânicos dos esgotos e das águas residuais biodegradam-se.

Fig. Tecnologia para a gestão de águas residuais nas zonas húmidas de Kolkata Oriental, PNUA 2000

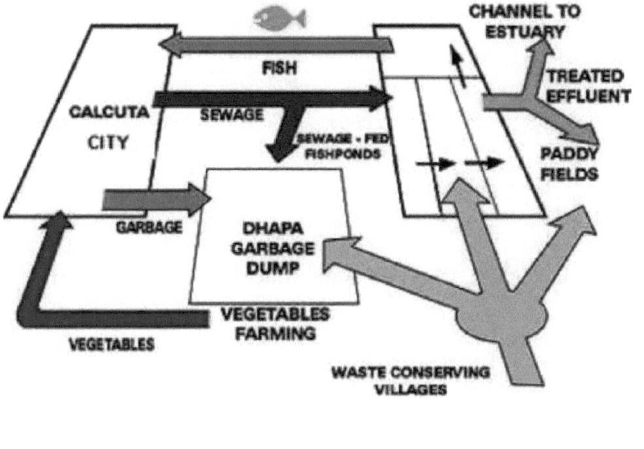

Funcionamento do sistema

Todos os esgotos da cidade de Calcutá, exceto os das zonas suburbanas, são distribuídos às pisciculturas através de uma rede de canais (localmente designados por "khals") que são segregados como canais primários, secundários e terciários com base nas suas caraterísticas funcionais. As práticas de utilização sensata e a recuperação de recursos dos esgotos da cidade dependem essencialmente dos vinte principais khals que transportam os esgotos, que proporcionam uma forma de ganhar a vida, bem como o sustento da grande população suburbana. Canais mais pequenos e uma série de canais de entrada cortam as zonas húmidas e ligam os vários bheris, tanques e campos agrícolas. As comportas reguladoras são a chave do abastecimento e da disponibilidade de esgotos para toda a zona.

Os processos naturais, associados a práticas informais, contribuem significativamente para o tratamento das águas residuais e promovem a reciclagem. O sistema de recuperação de recursos da EKW, desenvolvido pela população local ao longo dos tempos, poupou a cidade de Calcutá aos custos de construção e manutenção de estações de tratamento de águas residuais. Há cerca de três décadas atrás, foi previsto que a reutilização das águas residuais na piscicultura, na produção de algas e plantas aquáticas e na produção de energia, enquanto tecnologia promissora, iria mudar radicalmente o contexto do saneamento urbano[2].

A taxa de carga orgânica nestes tanques para peixes parece variar entre 20 e 70 kg por hectare e por dia (sob a forma de carência bioquímica de oxigénio - CBO). O sistema de tanques para peixes alimentados com águas residuais brutas de Calcutá consiste em tanques rasos, com 50 a 150 cm de profundidade e fundo plano, que são preparados de acordo com determinados procedimentos específicos. A pouca profundidade, a forte luz solar, o arejamento constante devido à agitação, bem como o fornecimento contínuo de água (em grandes massas), juntamente com a libertação de oxigénio fotossintético pelas algas, o crescimento do plâncton, a introdução de peixes num ponto específico do crescimento do plâncton, a calagem do chão do tanque durante a preparação e a *Eichhornia* (jacinto de água) que rodeia as margens resultam, em conjunto, na redução da contagem de coliformes até 96-99%, na redução da CBO acima de 80% e na diminuição do teor de metais até 25-99%. Sendo pouco profundos, os lagos recebem uma grande quantidade de energia solar que é capturada por uma densa população de plâncton que, por sua vez, é consumida pelos peixes. A radiação solar de cerca de 250 langleys/dia é adequada para a fotossíntese. De facto, os tanques de pesca alimentados com esgotos funcionam como reactores solares e completam a maior parte das suas reacções bioquímicas com a ajuda da energia solar. A redução da DBO ocorre devido ao fenómeno caraterístico da simbiose entre algas e bactérias, em que a energia é retirada da fotossíntese das algas. Desta forma, a necessidade e o consumo de energia são mínimos.

Ao contrário das estações de tratamento de esgotos mecânicas convencionais, as lagoas de águas residuais podem assegurar a remoção eficiente de coliformes que são propensos a ser patogénicos. Os plânctons desempenham um papel significativo na degradação da matéria orgânica, mas o seu crescimento excessivo torna-se um problema para a gestão do tanque, causando a proliferação de algas. É nesta fase crítica do processo ecológico que os peixes desempenham um papel importante, alimentando-se dos plânctons. O duplo papel desempenhado pelos peixes é de facto crucial - eles mantêm um equilíbrio adequado da população de plâncton nos tanques e também convertem os nutrientes disponíveis nas águas residuais em formas facilmente consumíveis pelos humanos. Os piscicultores da EKW desenvolveram um domínio tão grande destas actividades de recuperação de recursos que estão facilmente a cultivar peixes a uma taxa de rendimento e a um custo de produção sem comparação com qualquer outro tanque de peixes de água doce deste país.

São necessários três tipos de tanques, consoante a fase de produção: o tanque de maternidade, o tanque de criação e o tanque de povoamento. Cada um deles necessita de uma gestão adequada da entrada e saída de águas residuais. O principal requisito para um tanque de peixes produtivo é o fornecimento adequado e a qualidade das águas residuais. Os esgotos de má qualidade reduzem a qualidade dos nutrientes, aumentam a carga tóxica para os peixes e requerem uma entrada externa de nutrientes. O peixe é criado em cinco fases principais: Preparação do tanque (feita nos meses mais frios, quando os tanques são drenados e a manutenção ou reparação dos diques é efectuada), fertilização primária (introdução inicial de águas residuais no tanque, que se deixa purificar naturalmente, e agitação do tanque para reduzir as condições anaeróbicas nos sedimentos), o povoamento dos peixes (onde os agricultores povoam inicialmente um pequeno número de peixes para testar a qualidade da água, povoando posteriormente até quatro vezes), a fertilização secundária (introdução periódica de águas residuais nos tanques ao longo do ciclo de crescimento) e, finalmente, a colheita dos peixes (efectuada em alturas diferentes, de acordo com a espécie).

São criadas cerca de 12 espécies diferentes de peixes que ocupam diferentes nichos ecológicos do ecossistema do lago, incluindo carpas indianas maiores, menores e exóticas, variedades de tilápia não nativa, mourala e o camarão gigante de água doce. Para além das variedades cultivadas, algumas outras variedades, incluindo peixes forrageiros, estão também ocasionalmente disponíveis nos *bheris*. São elas o Punti (*Puntius japonica),* o Linguado *(Chama striatus), o* Lata *(Chama punctatus),* o Chyang *(Chama gachua),* o Singi *(Heteropneustes fossillis),* o Magur *(Clarias batrachus), o* Fouli *(Notopterus notopterus),* o Pungus *(Pangasius pangasius}*, etc. Em geral, a produção de peixe nas zonas húmidas é 2 a 4 vezes superior à dos viveiros normais.[3] As "armadilhas de lodo", com três metros de largura e 30 a 40 centímetros de profundidade, são buracos nas margens dos bheris, que retêm parte do lodo acumulado nos próprios viveiros. Estes são periodicamente dragados e utilizados para reforçar os diques dos lagos. Os próprios lagos são periodicamente drenados antes da estação das monções (que naturalmente ajuda a enchê-los) por várias razões: a drenagem ajuda a remover alguns dos nutrientes dos sedimentos e também mata alguns dos parasitas que afectam a produção de peixe.

Diversidade floral e faunística

Muitas vezes designados como os "rins de Calcutá", os EKW (designado **sítio Ramsar n.º 1208** em 2002) albergam mais de 100 espécies de plantas, como *Sagittaria montividensis, Cryptocoryne ciliate, Cyperus spp., Acrostichum aureum, Ipomoea aquatica*, etc., mamíferos raros, incluindo o mangusto do pântano, o pequeno mangusto indiano, as civetas das palmeiras e da Índia e a ameaçada tartaruga da lama indiana. A diversidade da fauna macrozoobentónica, com predomínio de espécies tolerantes, é extremamente importante em termos de transferência de energia dos níveis tróficos inferiores para os níveis tróficos superiores. Nestas zonas húmidas, a cadeia alimentar dos detritos é mais proeminente, sendo a maioria dos bentos detritívoros que convertem os detritos de baixa qualidade e baixa energia em alimentos de melhor qualidade para o nível trófico seguinte. Estes organismos apresentam uma vasta gama de tolerância e adaptações contra a poluição e ajudam a purificar a água.[4]

Existem também cerca de 40 espécies de aves, tanto locais como migratórias, que incluem guarda-rios, mergulhões, galeirões, dardos, shags, corvos-marinhos, marrecos, garças, jacanas, narcejas, andorinhas-do-mar, águias, gaivotas, carriças, guarda-rios e maçaricos. De acordo com um relatório do censo das aves aquáticas asiáticas, verificou-se uma diminuição gradual da diversidade da avifauna nestas zonas húmidas. Esta diminuição da diversidade faunística pode estar relacionada com a diminuição da cobertura vegetal das zonas húmidas na área. Tendo isto em conta, estão a ser feitos esforços para recuperar e aumentar a diversidade da EKW com plantas aquáticas e de zonas húmidas (com importância socioeconómica). A introdução destas plantas, sem perturbar a prática tradicional da pesca, pode aumentar a cobertura vegetal do ecossistema das zonas húmidas e também proporcionar locais de nidificação, de repouso e de reprodução para a avifauna.

Os jacintos de água também desempenham um papel na função do sistema. Ao quebrar as ondas superficiais, a erosão das margens dos lagos é reduzida, substituindo alternativas mais dispendiosas como a pedra ou o betão para reforçar as margens. Proporcionam sombra aos peixes durante os meses de verão e as raízes, conhecidas por absorverem iões metálicos, ajudam a lixiviar metais pesados da água. [5,6] Ocasionalmente, têm de ser colhidas e são utilizadas como alimento para búfalos ou decompostas e dadas como alimento às carpas. Outras espécies importantes no sistema são os animais domésticos, como as vacas, os búfalos, os porcos e os patos. Os porcos vivem em estado semisselvagem e alimentam-se de tudo o que encontram. Os patos comem caracóis aquáticos colhidos nos charcos. As algas também desempenham um papel importante, uma vez que não só fornecem alimento aos peixes, como também apoiam as bactérias que actuam sobre a matéria orgânica das águas residuais.

Sendo a EKW o maior centro de reciclagem natural do género, espera-se que seja uma fonte rica de **biorremediantes**. A presença de Actinobactérias e Fermicutes indica a possibilidade de degradação de nitrofenol, compostos nitro-aromáticos, pesticidas e herbicidas. Isto é esperado numa lixeira que recebe resíduos sólidos e líquidos de toda a cidade e também com a atividade agrícola em curso. Estes micróbios estão também envolvidos na decomposição e na formação de húmus. As Proteobactérias presentes na EKW estão envolvidas na bioremediação de metais pesados de fontes sólidas e líquidas. Provocam a degradação e reciclagem de tecidos lenhosos de plantas e a biodegradação de solos contaminados com petróleo e de compostos tóxicos.[7] Estão associadas à fixação de azoto juntamente com as cianobactérias neste ecossistema, para além de serem funcionais na bioremediação de metais.

Importância do EKW

• As zonas húmidas funcionam como um "**sumidouro**" para a cidade de Calcutá e melhoram a sua qualidade do ar

• absorver e tratar da forma mais eficiente, económica e natural possível o enorme volume de esgotos e águas residuais e de resíduos sólidos e gasosos urbanos gerados pela cidade - sem custos adicionais

• satisfazer substancialmente as necessidades de peixe, legumes e cereais alimentares dos habitantes da cidade

• absorver e fazer passar as águas das cheias que as chuvas de monção fazem cair sobre a cidade para as ribeiras a jusante e para o mar

• proporcionar um habitat para uma variedade de flora e fauna e organismos vivos endémicos das zonas húmidas

• fornecer a cadeia alimentar e a reciclagem de resíduos para a riqueza, tão caraterísticas e essenciais para esta cidade

• manter o microclima da região

• Proporcionar meios de subsistência a milhares de habitantes locais que possuem a inigualável capacidade de utilizar as águas residuais para cultivar peixe e legumes, ajudando assim a manter o delicado equilíbrio ecológico de um sistema ecológico frágil.

EKW e sustentabilidade

Em 1992, a Agenda 21, o programa para o desenvolvimento sustentável adotado na conferência do Rio, incluiu orientações para estabelecer prioridades no tratamento da água em termos de recuperação de recursos, acessibilidade e participação da comunidade. A conclusão clara era que as águas residuais municipais deveriam ser vistas como um recurso e não como um poluente, que a gestão das águas residuais deveria ser uma tarefa de conservação e não de controlo da poluição e que o conhecimento tradicional das populações locais deveria ser incorporado no planeamento.

Na Índia, o lançamento do Plano de Ação Ganga proporcionou os fundos necessários e a oportunidade de experimentar as novas opções de tratamento de águas residuais. A diferença básica entre a estação de tratamento convencional e a opção proposta para as zonas húmidas é que a recuperação de recursos é sugestiva na primeira e obrigatória na segunda. No segundo caso, é uma componente integral do projeto, a própria base da sua ligação à comunidade. **Nas zonas húmidas de Calcutá, tratar as águas residuais como um recurso em vez de um poluente responde claramente ao desafio de encontrar um modelo de crescimento para um futuro sustentável.**

Os esforços para aumentar o coberto vegetal constituído por plantas economicamente importantes podem funcionar como ponto de paragem para animais vertebrados e invertebrados. Assim, esta tentativa pode ser um instrumento para o aumento da biodiversidade com a participação da comunidade, onde os trabalhadores bheri serão os actores. Esta nova abordagem para o aumento da biodiversidade com a utilização sustentável de espécies vegetais economicamente viáveis é completamente nova na história do desenvolvimento das zonas húmidas. Estão a ser feitas tentativas para aumentar a diversidade das zonas húmidas com espécies de zonas húmidas comercialmente viáveis que já são exploradas noutras partes do estado para apoio aos meios de subsistência. Os trabalhadores de ambos os sexos recebem formação para fazer trabalhos artísticos com plantas aquáticas e das zonas húmidas (como as plantas de chapéu ou as plantas localmente chamadas 'shola', *ou seja, Aeschynomene aspera).* As trabalhadoras de bheri também recebem formação para tecer esteiras obtidas de *Cyperus pangorei* ou 'mutha ghas'. Assim, as trabalhadoras de bheri obtêm uma fonte alternativa de rendimento com o seu artesanato, que frequentemente encontra mercados globais. Como está relacionado com o seu modo de vida, é possível que os habitantes locais plantem espécies selecionadas sem perturbar a prática tradicional da pesca, promovendo assim a **conservação sustentável**.

Conhecendo a beleza imaculada destas zonas húmidas, muitos turistas vêm para observar aves, passear de barco, fazer piqueniques e fotografar. De facto, **o ecoturismo** pode promover a diversidade biológica e cultural através da proteção dos ecossistemas. Pode encorajar a utilização sustentável da biodiversidade, proporcionando emprego à população local através da partilha de benefícios socioeconómicos.[8,9] Por decisão do Tribunal Superior de Calcutá, em 1992, a zona húmida está protegida e proíbe qualquer alteração da utilização do solo. O enchimento de massas de água nesta zona não é permitido ao abrigo da Lei de 1979 relativa ao planeamento e desenvolvimento da cidade e do país de Bengala Ocidental e da Lei de 1984 relativa à pesca interior de Bengala Ocidental (com alterações em 1993). Como parte do exercício de conservação e gestão das zonas húmidas, o Governo de Bengala Ocidental promulgou a Lei de Conservação e Gestão das Zonas Húmidas de Calcutá Oriental de 2006. Subsequentemente, foi constituída a Autoridade de Gestão das Zonas Húmidas de Calcutá Oriental.

O conhecimento que emergiu com base nas competências tradicionais, no empreendedorismo e na inovação constitui uma alternativa à opção convencional de tratamento de águas residuais e depende completamente da utilização sensata das zonas húmidas, sendo naturalmente sustentável do ponto de vista ecológico. A nova geração de tecnologia amiga do ambiente tem sido sensata para incorporar e integrar as vantagens dos processos biológicos naturais com princípios de regulação ecológica para sustentar este ecossistema menos explorado mas único - as zonas húmidas de Calcutá Oriental.

Referências

1. Ghosh, Dhrubajyoti e Susmita Sen. 1987. Ecological History of Calcutta's Wetland Conservation (História Ecológica da Conservação das Zonas Húmidas de Calcutá). Environmental Conservation, 14(3).
2. Ghosh, Dhrubajyoti.1990. "Aquacultura alimentada por águas residuais nas zonas húmidas de Calcutá - uma visão geral".
3. David, A.1959. Effects of Calcutta Sewage upon the fisheries of the Kulti Estuary and the connected cultivable fisheries. Journal of Asiatic Society (Bengal), 1(4): 339-363.
4. Ghosh, Amrita. 1998. Um estudo ecológico das comunidades de zooplâncton em sistemas aquáticos de água doce e alimentados por esgotos. Tese de doutoramento, Universidade de Calcutá.
5. Sen Supatra 2014. Mudanças nos constituintes bioquímicos em resposta ao estresse induzido por arsênico em *Pteris vittata* e *Eichhornia crassipes* para determinar a tolerância ao estresse - uma revisão, Beats of Natural Sciences, 2: 1-5.
6. Sen Supatra 2014. Um estudo comparativo sobre as alterações bioquímicas induzidas pelo arsénio em *Eichhornia crassipes* (Mart.) Solms (Jacinto de água) e *Pteris vittata* L. (Feto de freio). Actas do Seminário "Impacto da Poluição: Avaliação e Sensibilização", Departamento de Zoologia, Hooghly Women's College, pp.185-192. ISBN 978-81-921083-8-4
7. Sen, Supatra 2014. "Restaurando o meio ambiente: Microbes in Phytoremediation" em Good Earth: Exploring Possibilities, Dr. S.Sen (ed.) pp. 31-36. ISBN 978-81-922305-9-7
8. Sen, Supatra 2014. Mudando as perspectivas na gestão da biodiversidade. J. Environ. & Sociobiol. 11(1): 117-122.
9. Sen, Supatra 2016. Abordagens de gestão baseadas na comunidade: Rumo à Conservação Sustentável da Biodiversidade. O ritmo das Ciências Naturais 3(1) : In Press

Derrames de petróleo e biodiversidade marinha: Relatórios da Costa Indiana

Resumo

Um **derrame de petróleo** é a libertação de hidrocarbonetos líquidos de petróleo no ambiente, devido à atividade humana, e é uma forma significativa de poluição. Os derrames de petróleo podem causar uma grande variedade de impactos no ambiente marinho e são frequentemente retratados como **"desastres ambientais"** com consequências terríveis previstas para a sobrevivência da flora e fauna marinhas.

A Índia tem uma linha costeira de cerca de 5500 km no continente e cerca de 2000 km nas suas ilhas offshore e ecossistemas especializados como **mangais e recifes de coral**. Possui vastas praias ao longo de toda a costa. **A biodiversidade** nas águas costeiras, no Golfo de Mannar e em Kutch, nas águas das ilhas Andaman, Nicobar e Lakshadweep e nos **ecossistemas especializados** como o lago Chilka e os mangais de Sunderban ao longo da costa oriental é **significativamente elevada**. Até à data, foram registadas mais de 5000 espécies de flora e fauna marinhas nas águas costeiras e marinhas do país. Há uma necessidade urgente de preservar, conservar e proteger os habitats costeiros e o ambiente marinho de todas as actividades antropogénicas, especialmente os derrames de petróleo.

Palavras-chave: derrame de petróleo, biodiversidade marinha, mangais, recifes de coral, bactérias marinhas

Introdução

Um **derrame de petróleo** é a libertação de hidrocarbonetos líquidos de petróleo no ambiente, devido à atividade humana, e é uma forma significativa de poluição. O termo é geralmente aplicado a derrames de petróleo no mar, onde o petróleo é libertado no oceano ou nas águas costeiras. O aumento da densidade do tráfego marítimo, especialmente dos petroleiros e das instalações petrolíferas nas proximidades da costa indiana, é uma das causas possíveis da ocorrência de derrames de petróleo. O derrame pode ocorrer por explosão, colisão, encalhe de navios e encalhe.

Os derrames de hidrocarbonetos podem causar uma vasta gama de impactos no meio marinho e são frequentemente retratados como **"catástrofes ambientais"** com consequências terríveis previstas para a sobrevivência da flora e da fauna marinhas. Nos grandes derrames de hidrocarbonetos, o impacto ambiental a curto prazo pode ser grave, causando sérios problemas aos ecossistemas e às populações que vivem perto da costa contaminada, afectando os seus meios de subsistência e prejudicando a sua qualidade de vida (Gundlach e Hayes, 1978).

A Índia tem uma linha costeira de cerca de 5500 km no continente e cerca de 2000 km nas suas ilhas ao largo. A zona costeira do país é abençoada com uma vasta rede de águas interiores, estuários, riachos, lagoas e ecossistemas especializados como **mangais e recifes de coral**. Possui vastas praias ao longo de toda a costa. **A biodiversidade** nas águas costeiras, no Golfo de Mannar e em Kutch, nas águas das ilhas Andaman, Nicobar e Lakshadweep e nos **ecossistemas especializados**, como o lago Chilka e os mangais de Sunderban, ao longo da costa oriental, é **significativamente elevada**. Até à data, foram registadas mais de 5000 espécies de flora e fauna marinhas nas águas costeiras e marinhas do país . Há uma necessidade urgente de preservar, conservar e proteger os habitats costeiros e o ambiente marinho de todas as actividades antropogénicas, especialmente dos derrames de petróleo (Mehta, 1999).

Mecanismos de danos causados por derrames de petróleo

O petróleo pode afetar o ambiente através de um ou mais dos seguintes mecanismos

i. **Sufocação física** com impacto nas funções fisiológicas;
ii. **Toxicidade química** que dá origem a efeitos letais ou sub-letais ou que provoca uma perturbação das funções celulares;
iii. **Alterações ecológicas**, principalmente a perda de organismos-chave de uma comunidade e a ocupação de habitats por espécies oportunistas;
iv. **Efeitos indirectos**, como a perda de habitat ou de abrigo e a consequente eliminação de espécies ecologicamente importantes.

A **natureza** e **a duração** dos efeitos de um derrame de hidrocarbonetos dependem de uma vasta gama de factores. Estes incluem a quantidade e o tipo de hidrocarbonetos derramados, o seu comportamento no meio marinho, a localização do derrame em termos de condições ambientais e caraterísticas físicas, o momento em que ocorre, especialmente em relação à estação do ano e às condições meteorológicas prevalecentes (Anderson *et al.* 1993). Outros factores fundamentais são a composição biológica do meio afetado, a importância ecológica das espécies que o compõem e a sua sensibilidade à poluição por hidrocarbonetos.

Zonas marinhas da Índia altamente sensíveis e vulneráveis a derrames de hidrocarbonetos

1. Gujarat

O espetacular **Golfo de Kutch** é o lar de mais de 800 espécies de organismos; 32 corais duros (Scleractinia) e 12 moles (Alcyonaria), 150-200 espécies de peixes, mais de 100 espécies de algas, grande diversidade de esponjas e vermes, estrelas quebradiças, tartarugas marinhas e outros répteis, mais de 200 espécies de aves migratórias e residentes e também o raro e ameaçado mamífero marinho, o *Dugong.*

O Golfo de Khambat tem manchas de formação de mangais na maioria dos locais. Devido à localização de portos menores e intermédios em Bhavnagar, Dahej, *etc*., existe **um risco significativo** de derrame de petróleo.

2. Maharashtra

A **costa de Bombaim** - Uma vez que a área está próxima dos portos de Bombaim e JN e localizada ao longo da linha de navegação, o risco de derrame de petróleo é **elevado**.

3. Goa

O risco de derrame de petróleo nas praias próximas do porto **de Marmagao** é elevado.

4. Karnataka

A costa de Mangalore é propensa a danos causados por derrames de petróleo.

5. Kerala

A faixa costeira, uma estreita faixa de planície, é a região mais pitoresca de Kerala, intercalada por extensos remansos, lagoas e canais e ladeada por luxuriantes coqueiros e campos de arroz verdejantes. As lagoas e os remansos nunca estão longe do mar e, em vários locais, estabeleceram uma ligação permanente com ele. Os remansos, os rios e o sistema de canais formam uma via navegável. Este facto oferece um **nicho ecológico único** com grande potencial para a piscicultura de água salobra no Estado. O mar ao largo de Kerala é uma das zonas mais produtivas para os peixes marinhos, embora seja propenso a danos causados por derrames de petróleo.

6. Tamil Nadu

Com uma extensão de costa de 906 km, Tamil Nadu tem várias zonas sensíveis devido à abundância de mangais, recifes de coral e santuários de aves. As zonas propensas a derrames de petróleo são - **Kanyakumari, Tuticorin** e zonas marítimas adjacentes, **Pitchavaram Mangroves** e **Golfo de Mannar.**

Tuticorin tem os seguintes aspectos biologicamente importantes:

Bancos de pérolas: A concentração máxima de bancos de pérolas encontra-se na região ao largo de Tuticorin. A região entre Tuticorin e Kanyakumari tem extensos bancos de pérolas. Existem cerca de 10 bancos de pérolas. A espécie de ostra de pérola mais preferida é a *Pinctada fucata.* Existem cerca de quatro espécies de ostras de pérolas. *A P. fucata* é a variedade mais abundante encontrada na costa de Tuticorin. A outra espécie comum é a *P. chemnitzi.*

Corais: A estrutura dos recifes é complexa.

Bancos de Chank: O chank sagrado *Xancus pyrum* é encontrado em substratos arenosos finos ou macios. Os leitos de chank são muito produtivos. Os usos industriais dos chanks são muitos. Qualquer derrame de petróleo por navios que visitem o porto afectará os corais, o chank e os leitos de ostras de pérolas e causará imensos danos à ecologia e à economia local.

Golfo de Mannar

O **Golfo de Mannar** foi declarado **Reserva da Biosfera Marinha** pelo Governo da Índia. No Golfo de Mannar, existem recifes de coral tanto em forma de franja como de retalho. A área é bem conhecida pela sua riqueza em algas e é também muito rica em ervas marinhas. As ilhas do golfo de Mannar possuem uma vegetação de mangue única, constituída por espécies pertencentes a

Rhizophora, Avicennia, Bruguiera, Ceriops, Lumnitzera, etc. O chank sagrado, *Xancus pyrum*, também ocorre no Golfo de Mannar, juntamente com os bancos de pérolas. Nesta zona, encontra-se uma grande variedade de invertebrados marinhos em abundância. A ilha de Krusadai, nesta região, é vulgarmente conhecida como "O Paraíso dos Biólogos". A vaca marinha *Dugong dugong* é encontrada em abundância nesta área. Trata-se de uma espécie em perigo de extinção e deve ser conservada. Os gorgonídeos são recursos marinhos muito valiosos devido aos seus valores farmacológicos. O Parque Nacional Marinho do Golfo de Mannar foi criado no ano de 1983 para conservar e restaurar os ecossistemas da Baía de Palk e do Golfo de Mannar.

7. Andhra Pradesh

Os ecossistemas de mangais dos estuários de Godavari e Krishna são propensos a derrames de petróleo. Estão registadas 32 espécies de mangais e plantas associadas aos mangais, pertencentes a 26 géneros e 18 famílias, nos ecossistemas de mangais de Godavari e Krishna. Duas espécies, ou seja, *Scyphiphora hydrophyllacea* (mangais de Godavari) e *Aegialites rotundifolia* (mangais de Krishna) são consideradas espécies raras. A zona é rica em plânctons e vários tipos de organismos bentónicos.

8. Orissa

Bhitarkanika é uma das maiores florestas de mangais ao longo da costa leste, bem conhecida pelos crocodilos de água salgada, tartarugas marinhas Olive Ridley e cobras-reais. Foi declarado santuário de vida selvagem pelo Governo do Estado. Existem seis espécies principais de mangais. Foi descoberta neste santuário uma colónia de nidificação de cerca de 30 000 pares de cegonhas de bico aberto *(Anastomus oscitans)*. **Gahirmatha** é bem conhecida pelos locais de nidificação da tartaruga marinha de Oliva (*Lepidochelys olivacea)*.

9. Bengala Ocidental

Sunderbans tem uma das mais luxuriantes vegetações de mangais do mundo, juntamente com as formas planctónicas bentónicas do sistema estuarino, das quais dependem muitos cardumes migratórios de peixes, camarões, gambas e outros animais marinhos comestíveis de importância comercial.

10. Ilhas Andaman e Nicobar

As águas das ilhas A & N são ricas em biodiversidade e pesca. A rota internacional dos petroleiros situa-se a sul do ponto Indira, na Grande Nicobar. No passado, já se registaram alguns derrames de petróleo nesta zona, tendo o maior ocorrido em 1993. Tendo em conta o tráfego de petroleiros, a zona é altamente vulnerável a derrames de petróleo. Os derrames afectarão os corais, a pesca e os mangais.

11. Ilhas Lakshadweep

Uma vez que todas as ilhas possuem extensos recifes de coral, os derrames de petróleo afectam os corais e a fauna associada, especialmente o peixe mordedor, que é utilizado na pesca do atum. As poucas incidências de derrames de petróleo que ocorreram no passado danificaram extensivamente os corais e a fauna associada, bem como as ervas marinhas.

Alguns incidentes de derrame de petróleo na Índia

1. **Derrame de petróleo em Bombaim**

A colisão dos navios panamianos MSC Chitra e MV Khalijia III ao largo da costa de Bombaim, em 7 de agosto de 2010, que provocou o derrame de mais de 800 toneladas de petróleo no Mar Arábico, afectou gravemente a regeneração de cerca de **1 273 hectares de mangais**. Mais preocupante ainda é o facto de o derrame poder **ter posto em perigo** o futuro de toda a população de mangais.

Derrame de petróleo em Mumbai num relance

- O Governo aconselha prudência na pesca e no consumo
- Catástrofe ecológica na costa
- Depois de Uran, a maré negra devasta a costa de Vashi
- 500 kg de amostras de peixe contaminadas
- Ave migratória sucumbe ao petróleo
- A mancha de água envolve Thane, Kalwa pode ser a próxima
- **O derrame afectará a biodiversidade de Bombaim**
- O peixe está limpo, mas, por agora, não o consumam".
- **Se não forem tomadas medidas rapidamente, o impacto no ambiente será a longo prazo**, afirmam os cientistas
- As amostras de peixe não revelam qualquer contaminação, mas uma palavra de cautela
- Cientistas iniciam estudo de dois anos sobre os danos causados na costa
- O Centro dá uma "injeção verde" nos mangais da cidade
- **Mangues danificados** em Elephanta, Nhava, mas o sistema marinho está a sobreviver: Perito

2. **Derrame de petróleo ao largo da ilha de Andaman e Nicobar**

Em 14 de agosto de 2006, um petroleiro japonês colidiu com um pequeno navio indiano, Amar, ao largo do arquipélago de Andaman e Nicobar, quando tentava salvar este último e a sua tripulação. O contentor japonês - propriedade da Mitsui OSK Line - derramou mais de 4500 toneladas de petróleo no Oceano Índico antes de retomar a sua viagem. Este arquipélago alberga uma rica biodiversidade marinha - desde recifes de coral, mangais, praias arenosas a encostas densas cobertas de floresta e prados. A biodiversidade marinha registada inclui mais de 1200 espécies de peixes, 350 espécies de equinodermes e 1000 espécies de moluscos. Os recifes de coral de Andamão e Nicobar são os segundos mais ricos do mundo; os recifes de coral rodeiam todas as ilhas e estima-se que cubram quase 12 000 km2. Animais marinhos altamente ameaçados, como o *dugongo* e as tartarugas marinhas, utilizam este habitat como zona de alimentação. Os golfinhos são abundantes e são frequentemente vistos em águas abertas e perto da costa; as baleias azuis e os cachalotes são também ocasionalmente avistados. Os derrames de petróleo têm o potencial de afetar negativamente esta riqueza de biodiversidade.

3. Derrame ao largo da costa de Orissa

O MV Black Rose, um navio registado na Mongólia, afundou-se a 9 de setembro de 2009 com 924 toneladas de óleo de cozinha a bordo. As autoridades responsáveis pelo controlo da poluição registaram manchas de petróleo na costa a três ou quatro quilómetros de distância. Os cientistas estão a acompanhar de perto os efeitos do derrame, que se situa perto do Santuário Marinho de Gahirmatha, onde vivem as tartarugas Olive Ridley, em perigo de extinção, e do Parque Nacional de Bitharkanika, que alberga o segundo maior ecossistema de mangais da Índia e possui a maior população de crocodilos de água salgada do país. Esta é uma chamada de atenção urgente para a questão mais vasta do desenvolvimento costeiro. A curta linha costeira de Orissa (480 km) poderá ser palco do desenvolvimento de vários portos na próxima década. Acidentes deste tipo devastariam o frágil ambiente costeiro e marinho de Orissa, bem como os milhares de pescadores que dele dependem.

Impacto do derrame de petróleo na biodiversidade marinha indiana

(De acordo com relatórios de diferentes incidentes de derrame de petróleo na Índia)

Impacto nos plânctons

A importância do plâncton na produtividade primária dos oceanos e como lar temporário para os ovos e larvas de peixes, crustáceos, organismos do fundo do mar e da costa é bem conhecida. Estudos laboratoriais demonstraram efeitos tóxicos e sub-letais no plâncton causados pelos hidrocarbonetos, e há poucas dúvidas de que existe um potencial de impacto generalizado. Infelizmente, o plâncton é extremamente difícil de estudar de forma fiável, pois é uma das comunidades marinhas mais variáveis no espaço e no tempo. A presença de petróleo em águas abertas é transitória, o que torna difícil determinar onde e quando o plâncton pode ter sido exposto ao petróleo. Os cientistas alertam para o facto de a ameaça mais grave, incluindo o **possível colapso do ecossistema**, ser o envenenamento de organismos na base da cadeia alimentar quando **a fotossíntese do fitoplâncton** é afetada por derrames de petróleo.

Os mangais sob derrame de petróleo

Os mangais são altamente vulneráveis ao petróleo. Nas regiões tropicais, os mangais substituem os pântanos salgados e constituem um habitat extremamente rico e diversificado, bem como uma proteção costeira e importantes zonas de reprodução. Os mangais proporcionam um habitat valioso para caranguejos, ostras e outros invertebrados, bem como para peixes e camarões. As árvores dos mangais, que fornecem a estrutura de que depende este habitat, podem por vezes ser mortas, dependendo do tipo de óleo e do substrato em que as árvores estão a crescer. Os organismos que vivem nos ecossistemas dos mangais podem ser afectados tanto pelos efeitos diretos do petróleo como pela perda de habitat a longo prazo.

O revestimento das raízes dos pernilongos ou dos **pneumatóforos** pode causar um bloqueio que impede as trocas gasosas, conduzindo à **asfixia**. Os danos são mais prováveis se o óleo sufocar estas raízes respiratórias ou se os óleos tóxicos penetrarem nos sedimentos (Rao *et al.* 1999). Nos casos em que se regista uma elevada mortalidade de árvores, que nalguns casos inclui árvores com 50 ou mais anos, a recuperação natural para uma estrutura diversificada e produtiva pode demorar décadas. Uma função importante dos habitats de sapal e de mangais é o facto de fornecerem matéria orgânica às águas costeiras que, por sua vez, enriquece as comunidades que aí vivem. É nestas zonas de sapal e mangais onde se registaram danos que as medidas de restabelecimento têm um potencial real para acelerar a recuperação.

Recifes de coral e derrames de petróleo

Os impactos dos derrames de petróleo nos recifes de coral são difíceis de prever porque cada derrame apresenta um conjunto único de condições físicas, químicas e biológicas. A forma como os corais são expostos ao petróleo - e a composição do petróleo no momento do impacto - determinam diretamente a gravidade do impacto.

Existem três **modos principais** de exposição dos recifes de coral em caso de derrames de petróleo

- **O contacto direto com o óleo** é possível quando este se deposita à superfície nos corais intertidais que vivem perto da superfície da água e ficam expostos com as marés.
- Mares agitados e um óleo leve e solúvel podem combinar-se para misturar o óleo na água **abaixo da superfície**, onde pode afetar os corais. Os corais estão expostos a menos petróleo abaixo da superfície da água, mas os componentes mais leves do petróleo que se misturam facilmente são frequentemente os mais tóxicos.
- A lubrificação **subsuperficial** pode ocorrer quando os óleos pesados se desgastam ou se misturam com material sedimentar. Isto aumenta a densidade do óleo ao ponto de este se afundar, **podendo sufocar os corais.**

O contacto direto com o óleo derramado pode levar à morte dos corais, mas depende da espécie de coral, da forma de crescimento, da fase de vida e do tipo/duração da exposição ao óleo.

Impacto nos peixes

Quando expostos ao óleo, os peixes adultos podem registar **um crescimento reduzido, fígados**

dilatados, alterações das frequências cardíaca e respiratória, erosão das barbatanas e perturbações da reprodução. O petróleo também tem efeitos nos ovos e na sobrevivência das larvas. A morte de peixes tem sido causada por derrames de óleos leves e produtos petrolíferos (como o gasóleo, a gasolina e o combustível para aviões) em águas pouco profundas (Biradar e Thakur, 1999). O tipo de óleo e o momento da libertação influenciam a gravidade dos efeitos do óleo nos peixes. Os óleos leves e os produtos petrolíferos podem causar **toxicidade aguda** nos peixes.

Se houver razões para acreditar que o peixe nas proximidades de um derrame de petróleo foi contaminado por petróleo, o peixe dessa zona não pode ser enviado para mercados ou vendido a pessoas que o possam comer. Só quando os testes demonstrarem que o peixe já não está contaminado é que será autorizado a ser vendido para consumo humano.

Derrames de petróleo e répteis marinhos

O petróleo flutuante constitui uma ameaça para os répteis marinhos, como as tartarugas, as serpentes marinhas, etc. As tartarugas, em particular, são vulneráveis durante a época de nidificação. Podem perder-se ovos e crias. Tal como os mamíferos marinhos, as tartarugas marinhas precisam de vir à superfície para respirar ar. Se as tartarugas subirem à superfície numa maré negra para respirar, o petróleo afectará os seus olhos e danificará as vias respiratórias ou os pulmões.

As tartarugas marinhas também serão afectadas pelo petróleo através da contaminação do seu abastecimento alimentar. Embora sejam animais marinhos, têm um laço crucial com a terra. As fêmeas têm de vir a terra para pôr ovos. Depois de pôr os ovos, as tartarugas fêmeas cobrem o ninho (um buraco profundo que escavaram na areia com as barbatanas) e regressam ao oceano. As tartarugas bebés nascem dos ovos e têm de se desenrascar sozinhas enquanto se deslocam dos ninhos para o oceano.

Os locais de nidificação cobertos de óleo podem causar os seguintes problemas

i. Digestão/absorção de óleo através da contaminação dos alimentos ou do contacto físico direto, provocando **danos no aparelho digestivo** e noutros órgãos.

ii. **Irritação das membranas mucosas** (como as do nariz, da garganta e dos olhos), provocando inflamação e infeção.

iii. **Os ovos podem estar contaminados**, quer porque há petróleo na areia da praia, no local de nidificação, quer porque as tartarugas adultas são contaminadas com petróleo quando atravessam a praia em direção ao local de nidificação. A contaminação dos ovos pode inibir o seu desenvolvimento.

iv. As tartarugas recém-nascidas, depois de saírem dos ninhos, atravessam a praia em direção à água e podem ficar contaminadas com óleo.

Para além do petróleo, milhares de galões de "**dispersantes**", numa tentativa de quebrar o derrame de petróleo, tornam-se parte da cadeia alimentar - e podem contaminar o marisco.

Efeito nos mamíferos marinhos

Os derrames de hidrocarbonetos podem causar impactos múltiplos, subtis e duradouros no ambiente marinho e afetar os cetáceos (baleias e golfinhos) tanto direta como indiretamente. Os impactos diretos podem ser causados pela ingestão ou inalação do petróleo ou dos seus vapores, resultando em doença ou morte; os efeitos indirectos incluem a perda de presas causada por danos no ecossistema.

Os mamíferos marinhos, como as focas e as lontras, que se reproduzem nas linhas costeiras, também são susceptíveis de encontrar petróleo. As espécies que dependem do pelo para regular a sua temperatura corporal são as mais vulneráveis, uma vez que, se o pelo ficar coberto de óleo, os animais podem morrer de **hipotermia** ou de **sobreaquecimento**, consoante a estação do ano.

Aves marinhas e derrame de petróleo

As aves marinhas estão entre os **habitantes mais vulneráveis** das águas abertas, uma vez que são facilmente afectadas pelo petróleo flutuante. As espécies que mergulham para se alimentar ou que se reúnem à superfície do mar estão particularmente em risco. Embora o óleo ingerido pelas aves durante as tentativas de se limparem através da preensão possa ser letal, a causa mais comum de morte é o **afogamento, a fome** e **a perda de calor corporal** na sequência da sujidade da plumagem pelo óleo.

A mortalidade das aves ocorre durante a maior parte dos derrames e, em alguns derrames importantes, as colónias de reprodução foram seriamente depauperadas. Algumas espécies reagem ao esgotamento das colónias pondo mais ovos, reproduzindo-se mais frequentemente ou juntando aves mais jovens ao grupo de reprodução. Estes processos podem contribuir para a recuperação, que pode demorar vários anos e dependerá também de outros factores, como o fornecimento de alimentos. **Os ovos das aves** são também extremamente susceptíveis à poluição por hidrocarbonetos. **As aves migratórias** podem transportar o impacto do derrame de petróleo **para todo o mundo.**

Águas costeiras pouco profundas

Os danos causados por derrames em águas pouco profundas são, na maioria das vezes, provocados pela mistura de hidrocarbonetos no mar pela ação das ondas ou por produtos químicos dispersantes utilizados de forma inadequada. Em muitas circunstâncias, a capacidade de diluição é suficiente para manter as concentrações de hidrocarbonetos na água abaixo dos níveis nocivos, mas nos casos em que se dispersaram produtos leves e tóxicos, ou em incidentes graves em que a ação de ondas fortes dispersou grandes volumes de hidrocarbonetos perto da costa, **ocorreram grandes mortes de organismos marinhos, como os moluscos**.

Linhas costeiras

As linhas costeiras, mais do que qualquer outra parte do ambiente marinho, estão expostas aos efeitos do petróleo, uma vez que é aí que este tende naturalmente a acumular-se. No entanto, muitos dos animais e plantas da orla costeira são inerentemente resistentes, uma vez que têm de ser capazes de tolerar a exposição periódica a ondas violentas, ventos secos, temperaturas elevadas, precipitação e outras pressões graves. Esta tolerância também confere a muitos organismos da orla costeira a capacidade de resistir e recuperar dos efeitos dos derrames de hidrocarbonetos.

Os litorais rochosos e arenosos expostos à ação das ondas e aos efeitos de arrastamento das correntes de maré tendem a ser resistentes aos efeitos de um derrame, uma vez que, em geral, se autolimpam muito rapidamente. Os litorais rochosos expostos à ação das ondas são frequentemente citados como os que recuperam mais rapidamente, e houve muitos casos em que isso foi verdade. Um exemplo típico de impacto neste habitat é a perda temporária de uma espécie-chave, a lapa, que é um caracol herbívoro, o que leva a um "florescimento" de algas marinhas na sua ausência. Devido à maior disponibilidade da sua fonte de alimento, a recolonização pelas lapas segue-se normalmente de forma rápida e o padrão normal de pastoreio é restabelecido.

Consequências

A bioacumulação ocorre quando um organismo sobrevive à exposição a um agente tóxico mas retém elevadas concentrações da toxina no seu corpo. Quando os seres humanos ou os animais selvagens consomem peixe contaminado com níveis elevados de **HAP**, estão também expostos aos perigos dessas toxinas. Estas entram na cadeia alimentar e, consequentemente, **biomagnificam-se**, causando danos irreversíveis. Os derrames de petróleo exercem uma **profunda influência na biodiversidade marinha** e são fontes de **ameaça potencial** que necessitam de uma avaliação e gestão cuidadosas.

Micróbios e derrames de petróleo

De acordo com microbiologistas, **as bactérias marinhas** podem ser a chave para a limpeza de derrames de petróleo no mar, sem danificar ainda mais o ambiente através da utilização de produtos químicos. Em condições aeróbicas, o benzeno, o tolueno e o naftaleno, todos presentes no petróleo, são rapidamente degradados pelos micróbios. Na ausência de oxigénio, a degradação é mais lenta e apenas o tolueno é decomposto de forma significativa. Isto significa que, num ecossistema marinho saudável onde a água é oxigenada, a contaminação petroquímica pode ser biodegradada por microrganismos, mas se o fornecimento de oxigénio for esgotado pela poluição e por outros processos que levam à decomposição da matéria orgânica no solo, a contaminação persistirá.

Embora quase todos os hidrocarbonetos aromáticos conhecidos sejam degradados com oxigénio, apenas alguns podem ser completamente decompostos na ausência de oxigénio. No entanto, num ambiente contaminado, o oxigénio esgota-se rapidamente e a decomposição anaeróbia torna-se um mecanismo importante para eliminar os contaminantes.

Os cientistas também investigaram o impacto das três substâncias químicas mencionadas anteriormente na composição de diferentes comunidades microbianas. Ao longo do tempo, os tipos de microrganismos foram-se alterando à medida que os compostos eram degradados. Em condições aeróbicas, o benzeno e o tolueno não parecem afetar a estrutura da comunidade, mas o naftaleno estimulou o crescimento de ***Cycloclasticus spirillensus***, uma bactéria conhecida por decompor resíduos de petróleo. Esta bactéria pode ser utilizada como um meio natural de limpeza da poluição. ***A Alcanivorax borkumensis*** está adaptada a viver em ambientes aquáticos contaminados com petróleo. O seu genoma codifica um vasto espetro de enzimas eficientes na degradação do petróleo que podem ser utilizadas na bioremediação de derrames de petróleo. O professor A.M. Chakrabarty modificou geneticamente um microrganismo e o novo micróbio, ***Pseudomonas putida***, conseguiu digerir cerca de dois terços dos hidrocarbonetos encontrados num derrame de petróleo típico (Chakrabarty, 1974).

No futuro, poderemos estar a aproveitar os micróbios naturais e a fertilizá-los para aumentar a sua capacidade de digerir o petróleo. Estes micróbios encontram-se na água do mar em todo o planeta. Ocorrem naturalmente em **algas microscópicas**. O seu número é regulado pela quantidade da sua fonte de alimento e de certos nutrientes de que necessitam para se desenvolverem. O derrame de petróleo é uma **"fonte de alimento"** digerível alternativa para estes micróbios.

Procurar uma recuperação

A capacidade do meio marinho para recuperar de perturbações graves é função da sua **complexidade** e da sua **resiliência**. **A recuperação, a remediação, a reintegração**, etc., são medidas adoptadas para repor o ambiente danificado em condições de funcionamento mais rápidas do que as previstas apenas pelos processos naturais de recuperação (Sen, 2011a, 2011b). Existe um debate considerável sobre a definição de recuperação e o momento em que se pode dizer que um ecossistema recuperou. É amplamente aceite que a variabilidade natural dos ecossistemas torna improvável um regresso às condições exactas anteriores ao derrame (Acharya e Thakur, 1999). Em vez disso, a recuperação centra-se no restabelecimento de uma comunidade de flora e fauna que seja caraterística do habitat e que funcione normalmente em termos de biodiversidade e produtividade (Zingde, 1999).

As águas costeiras do país estão a ser exploradas a um ritmo alarmante, o que tem tido graves impactos em grande parte da biodiversidade marinha da Índia, bem como nos meios de subsistência das comunidades piscatórias costeiras. Os ambientalistas estão preocupados com o facto de esses "desenvolvimentos petrolíferos" estarem a ser levados a cabo sem salvaguardas suficientes contra acidentes e derrames, com total desrespeito pelos efeitos sobre os valores estéticos e socioeconómicos em terra e sem uma zonagem que proteja as áreas sensíveis e únicas dos ecossistemas marinhos de um desenvolvimento insustentável (Sen, 2013). Desastres como estes são o resultado de uma política fraca e de uma aplicação deficiente dos regulamentos existentes. Atualmente, há apelos a nível nacional para que sejam criadas salvaguardas mais fortes para evitar incidentes deste tipo no futuro, que podem causar estragos na biodiversidade marinha e costeira, bem como nos meios de subsistência das comunidades.

Referências

1. Acharya P e Thakur N K. 1999. Aquatic resources management policy to cater to the needs of 21st century. In Vision on Indian fisheries of 21st century, Abidi S A H, Thakur N K, Biradar R S, Shenoy L (eds.) Mumbai: Actas do seminário nacional CIFE, pp. 3546
2. Anderson, E.L., E. Howlett, K. Jayko, V. Kolluru, M. Reed, e M. Spaulding. 1993. The worldwide oil spill model.
3. Biradar R S e N K Thakur. 1999. Perspectivas de produção de peixe na Índia até 2020, em Vision on Indian fisheries of 21st century, Abidi S A H, Thakur N K, Biradar R S, Shenoy L (eds.) Mumbai: Actas do seminário nacional CIFE, pp. 26-34
4. Chakrabarty, A.M. (1974). "Dissociação de um agregado de plasmídeo degradativo em Pseudomonas". *Jornal de bacteriologia* **118** (3): 815-20.
5. Gundlach, E.R. e M.O. Hayes (1978). Vulnerability of Coastal Environments to Oil Spill Impacts (Vulnerabilidade dos Ambientes Costeiros aos Impactos dos Derrames de Petróleo). Marine Technology Society. 12 (4): 18-27.
6. Mehta, R. 1999. Demandas nas costas indianas - oportunidades e conflitos. Coast in Newsletter 1: 3-4
7. Rao, T. A., Molur, S e Walker, S. 1999. Mangroves of India: Resumo do relatório de 1998. Publ. Zoo Outreach Organization ISSN 0971-6378, XIV (2). pp. 1-49
8. Sen, S. 2011a. From Abundance to Scarcity: Education for Water Conservation, Actas do Seminário "Emerging Trends in Contemporary Education : Implications for 21st Century - A Sequel," pp.78-82. Colégio Uluberia **ISBN 978-81-922305 - 1-1**
9. Sen, S. 2011b. Blueprint for Sustainability : The Many Faces of Resource Management, Actas do Seminário "Sustainable Resource Management : Mito ou Realidade", pp. 76-83. Colégio Uluberia **ISBN 978-81-922305 -6-6**
10. Sen, S. 2013. Do conflito à cooperação: "Água para a vida". **Musings**, 4:17-21. **ISSN 0975-8054**
11. Zingde, M D. 1999. Health of the coastal marine environment and fisheries development in India. In Vision on Indian fisheries of 21st century, Abidi S A H, Thakur N K, Biradar R S, Shenoy L (eds.) Mumbai: Actas do seminário nacional CIFE. pp. 276-287

Estudo comparativo da eficiência da fitoremediação em *Eichhornia crassipes* (Mart.) Solms (jacinto-de-água) e *Pteris vittata* L. (feto-de-frade)

Resumo

A poluição por arsénio é um problema **ambiental** contemporâneo que se sabe ter efeitos fitotóxicos nas plantas. O perfil bioquímico, *ou seja,* os estudos sobre diferentes parâmetros **bioquímicos**, *nomeadamente* os constituintes de *Pteris* e *Eichhornia*, revelam a extensão do stress do arsénio na fisiologia e no metabolismo destas duas plantas e a sua possível utilização na fitoremediação de solos contaminados com arsénio. *A Pteris vittata e a Eichhornia crassipes* utilizadas para as experiências bioquímicas têm idade e tamanho semelhantes. As plantas foram colhidas em três intervalos, *ou seja,* 1, 5 e 10 dias após o tratamento com arsénio. A maior parte da concentração de arsénio foi encontrada nas frondes *(Pteris)* ou nas folhas *(Eichhornia),* pelo que o trabalho foi realizado com amostras de frondes e folhas. As concentrações de arsénio selecionadas são 0, 133 e 267 pM durante 1, 5 e 10 dias. Dos resultados obtidos até agora, *Pteris vittata* parece ser mais eficaz na absorção de arsénio do que *Eichhornia.* A concentração de arsénio foi elevada em amostras de *P. vittata* com 10 dias de idade, em comparação com *Eichhornia*, que mostrou uma absorção relativamente menor. Enquanto *a Eichhornia* apresentou concentrações significativamente reduzidas de clorofila, carotenóides, proteínas, aminoácidos e hidratos de carbono, mesmo em concentrações baixas de arsénio, *a Pteris* pareceu não ser afetada. Isto indica que *a P.vittata* está melhor equipada para tolerar o stress de arsénio do que *a Eichhornia.*

Palavras chave : Arsénio, fitorremediação, *Pteris, Eichhornia,* alterações bioquímicas

Introdução

O arsénio é omnipresente no ambiente. A contaminação dos solos com arsénio conduz frequentemente à contaminação das águas subterrâneas e à toxicidade do arsénio para as plantas, os animais e os seres humanos. A remediação de solos contaminados com arsénio tornou-se uma questão ambiental importante. A elevação dos níveis de arsénio nos solos causa uma preocupação considerável no que diz respeito à absorção pelas plantas e à subsequente entrada nas cadeias alimentares dos animais selvagens e dos seres humanos. A especiação do arsénio no ambiente é complexa, existindo tanto em formas inorgânicas como orgânicas, sendo a interconversão entre espécies regulada por processos bióticos e abióticos.

Recentemente, o destino ambiental e o comportamento do arsénio têm merecido uma atenção crescente devido a uma crise no Sudeste Asiático (Bengala Ocidental, Bangladesh e Vietname). Dezenas de milhões de pessoas foram expostas a níveis elevados de arsénico nas águas subterrâneas, a principal fonte de água potável da região[1] . Grandes áreas do Bangladesh, do Bengala Ocidental e do Vietname dependem de águas subterrâneas contaminadas com arsénico para a irrigação de culturas básicas como o arroz[1,2] . Consequentemente, para além da exposição através da água potável, as pessoas estão a ser expostas ao arsénio através da ingestão de vegetação que foi contaminada pela irrigação com água contaminada com arsénio, e do gado e dos seus produtos, quando o gado foi alimentado com vegetação contaminada com arsénio.

A fitorremediação é a utilização de plantas para remover ou tornar inofensivos os contaminantes no ecossistema. Na verdade, a fitorremediação inclui vários métodos, como a fitovolatilização, a fitoestabilização e a fitoextracção. A fitovolatilização refere-se à absorção, translocação e volatilização de contaminantes das plantas. Os contaminantes podem ou não ser transformados durante este processo. A fitoestabilização utiliza plantas para conter os contaminantes no solo, impedindo a migração do contaminante para fora do local. **A fitoextracção** é a utilização de plantas, de preferência hiperacumuladoras, para absorver os contaminantes. Posteriormente, as plantas são colhidas, transportadas e eliminadas do local.[3]

A fitoextracção tem-se tornado cada vez mais popular devido ao seu baixo custo em comparação com as tecnologias de remediação mais tradicionais. Os custos envolvidos na fitoremediação podem incluir a plantação, a manutenção, a colheita e a eliminação da biomassa vegetal. O volume e a massa da eliminação da planta são significativamente menores do que a eliminação do solo quando é necessária uma escavação. No entanto, como a fitoextracção depende da planta, as condições no local devem ser capazes de manter a produção vegetal e o contaminante deve estar acessível às raízes para absorção. Além disso, os solos com concentrações muito elevadas de contaminantes podem inibir o crescimento das plantas e/ou prolongar significativamente o tempo necessário para a remediação.[3] É ainda necessária muita investigação para garantir o emprego e a utilização adequados da fitoextracção.

Objetivo

A ameaça existente de **poluição por arsénico em Bengala Ocidental, na Índia,** e a necessidade premente de procurar uma **solução ecológica** baseada em tecnologia verde, ou seja, **a fitorremediação**, estão na origem deste trabalho de investigação. O perfil bioquímico*, ou seja,* os estudos sobre diferentes parâmetros **bioquímicos**, *nomeadamente* os constituintes de *Pteris* e *Eichhornia*, revelarão o impacto do stress do arsénio na fisiologia e no metabolismo destas duas plantas ***antes*** e ***depois da*** exposição e a sua possível utilização na fitoextracção de solos contaminados com arsénio. O estudo comparativo revelará a planta mais eficiente no combate e na tolerância ao stress por arsénio.

Razões para selecionar *Pteris* e *Eichhornia*

A Pteris vittata produz uma biomassa relativamente elevada e é uma planta de crescimento rápido. É uma planta perene e é comum encontrá-la a crescer em quase toda a cidade de Calcutá e Howrah. Ao contrário de muitos outros fetos, também é tolerante ao sol pleno, mas também cresce bem em condições de sombra. *A Pteris vittata* prefere um ambiente de solo alcalino. Isto pode contribuir para a sua capacidade de hiperacumulação de arsénio porque, em geral, o arsénio está mais disponível a um pH mais elevado. *A Pteris vittata* também é capaz de absorver muitas formas de arsénio.[4] *A Eichhornia crassipes* (Mart.) Solms. é nativa do Brasil. Pensa-se que as plantas foram introduzidas pela primeira vez nos Estados Unidos aquando da Exposição dos Estados do Algodão de 1884 em Nova Orleães, LA. O jacinto-de-água é uma erva daninha flutuante, florida e perene (que requer um habitat húmido), que forma jangadas densas na água e na lama. As plantas grandes e robustas do jacinto de água são frequentemente designadas por "jacintos de touro". Cresce mais rapidamente do que qualquer outra planta testada. O jacinto-de-água é uma planta aquática que pode florescer e reproduzir-se flutuando livremente à superfície da água ou pode também ancorar-se na lama. É de ocorrência comum e é conhecida por bioacumular metais pesados.

Procedimento experimental

A Pteris vittata e a Eichhornia crassipes utilizadas para as experiências bioquímicas têm idade e tamanho semelhantes. As plantas *de Pteris* foram germinadas a partir de esporos e as plantas com 4 meses de idade foram aclimatadas num sistema hidropónico para promover o crescimento das raízes. Após aclimatação em solução nutritiva de Hoagland a 0,2 durante 2 semanas, as plantas foram transferidas para uma solução nutritiva de Hoagland a 0,2 contendo diferentes concentrações de arsénio como As (V), como arseniato de sódio ($Na_2HAsO_4.7H_2O$). As concentrações de arsénio finalmente selecionadas são 0, 133 e 267 iiM. As plantas foram colhidas em três intervalos*, isto é,* 1, 5 e 10 dias após o tratamento com arsénio. *A Eichhornia* foi colhida em lagos próximos e deixada a crescer, aclimatar-se e reproduzir-se no laboratório. Assim, as plantas filhas obtidas tinham a mesma idade e foram utilizadas como material de ensaio. Tal como *Pteris*, foram submetidas ao mesmo tratamento com arsénio na forma de arseniato de sódio. As plantas foram colhidas em três intervalos, ou seja, 1, 5 e 10 dias após o tratamento com arsénio. Foram mantidos conjuntos de controlo em todas as experiências para comparação. A maior parte da concentração de arsénio foi encontrada nas frondes (*Pteris*) ou nas folhas (*Eichhornia*), pelo que o trabalho foi realizado com amostras de frondes e folhas.

As análises bioquímicas foram efectuadas de acordo com métodos normalizados. Foram estimados os teores de clorofila[5], carotenóides,[6] proteínas,[7] aminoácidos[8] e hidratos de carbono totais[9]. Todas as experiências foram efectuadas em triplicado e depois submetidas a análises estatísticas utilizando a tabela de análise de variância (ANOVA).

Resultados e discussão

A maior parte da concentração de arsénio foi encontrada nas frondes (*Pteris*) ou nas folhas (*Eichhornia*), pelo que o trabalho foi realizado com amostras de frondes e folhas. As concentrações de arsénio selecionadas são 0, 133 e 267 pM durante 1, 5 e 10 dias. Dos resultados obtidos até agora*, Pteris vittata* parece ser mais eficaz na absorção de arsénio do que *Eichhornia.* A concentração de arsénio foi elevada em amostras de *P. vittata* com 10 dias de idade, em comparação com *Eichhornia*, que mostrou uma absorção relativamente menor (Fig.1)

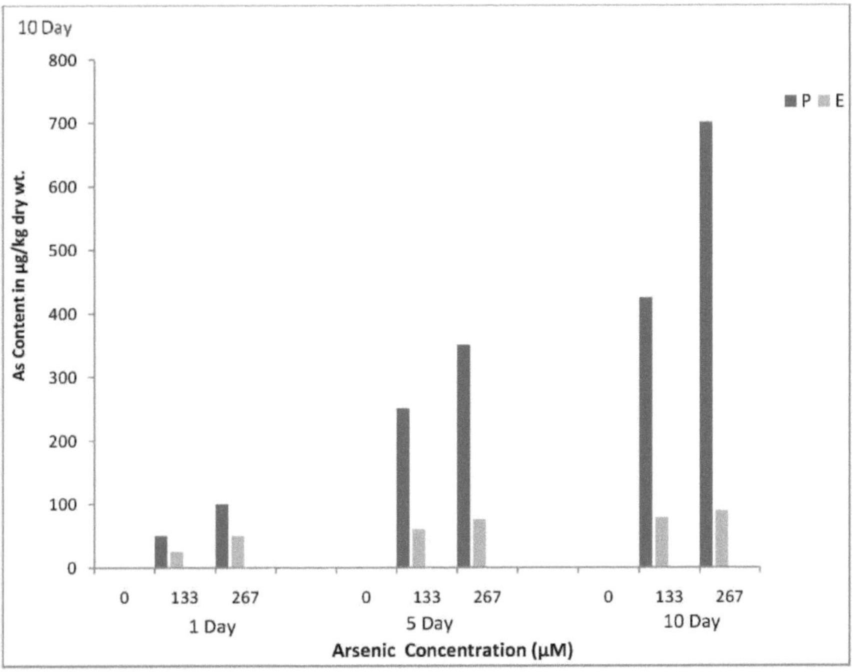

Fig. 1 Absorção de arsénio
S.E. =0,02, C.D. = 0,02 (5%); 0,04 (1%)

Enquanto *a Eichhornia* apresentou concentrações significativamente reduzidas de clorofila, carotenóides, proteínas, aminoácidos e hidratos de carbono, mesmo em concentrações baixas de arsénio, *a Pteris* pareceu não ser comparativamente afetada (Figs. 2,3,4,5 e 6). *A Eichhornia* também mostrou quantidades significativamente reduzidas de azoto e fenóis totais, mesmo em pequenas concentrações de arsénio, enquanto *a Pteris* parecia estar relativamente inalterada.[10]

Isto indica que *a P.vittata* **está** melhor equipada para tolerar o stress de arsénio do que *a Eichhornia.*

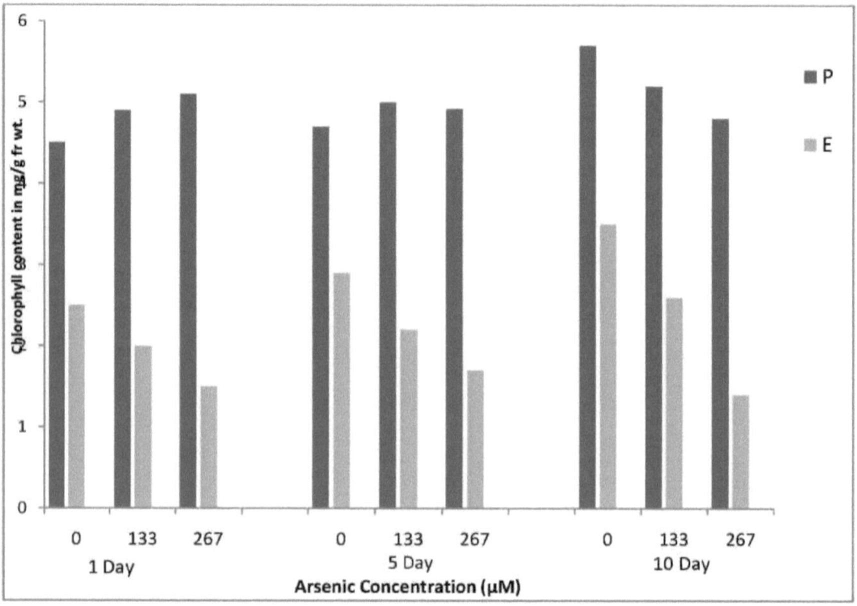

Fig. 2 Teor de clorofila
S.E. =0,01; C.D. = 0,012 (5%); 0,018 (1%)

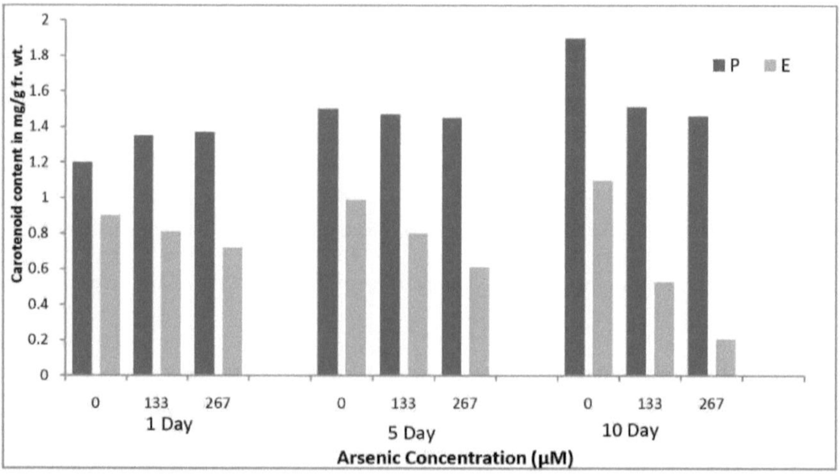

Fig. 3 Teor de carotenóides
S.E.= 0,01; C.D. = 0,23(5%); 0,28 (1%)

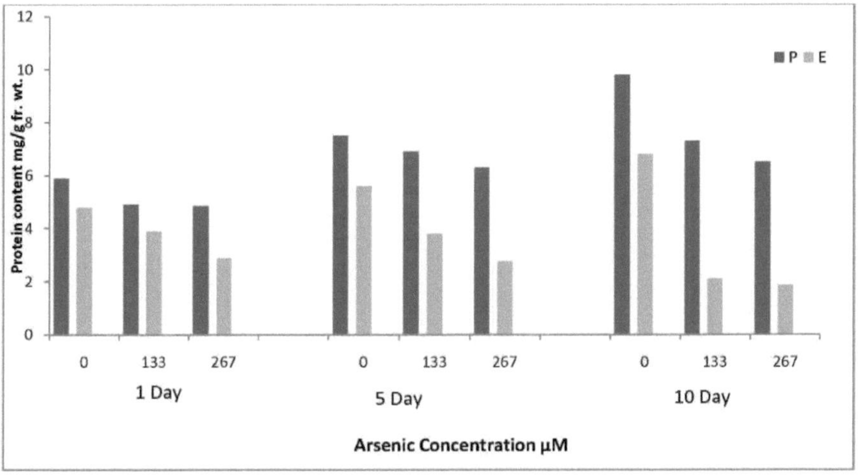

Fig. 4 Teor de proteínas
S.E. = 0,21; C.D. = 0,18(5%); 0,34 (1%)

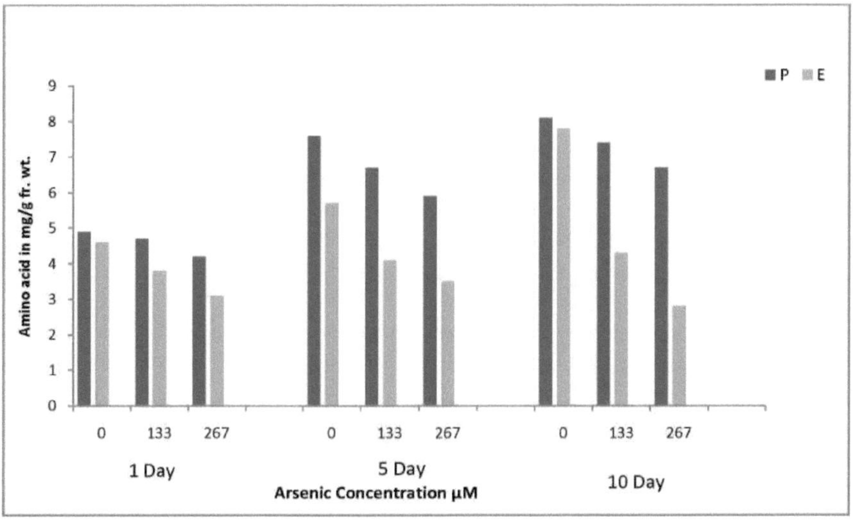

Fig.5 Teor de aminoácidos
S.E. = 0,03; C.D. =0,02 (5%); 0,03 (1%)

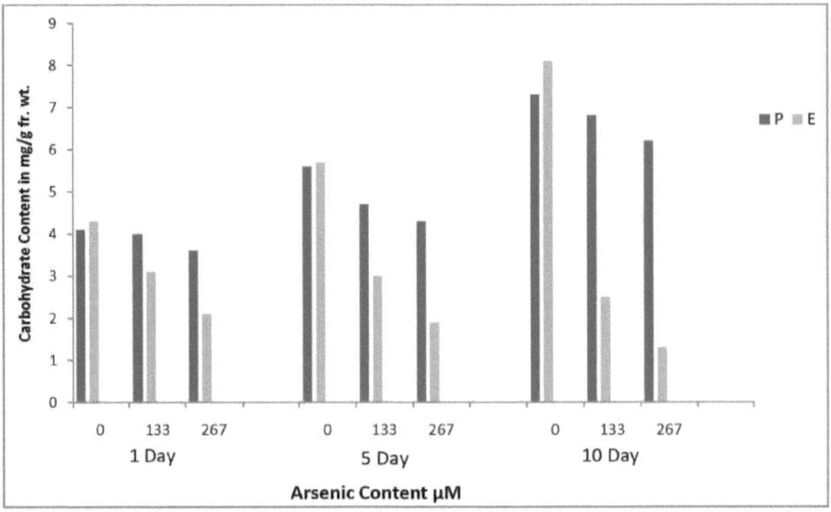

Fig. 6 Teor de hidratos de carbono
S.E.=0,01; C.D. = 0,23(5%); 0,28 (1%)

As plantas contêm frequentemente concentrações vestigiais de muitos contaminantes que suscitam preocupação. A níveis baixos, as plantas podem normalmente metabolizar ou eliminar estes compostos sem qualquer dano significativo. Geralmente, em concentrações elevadas de contaminantes no solo ou na água, as plantas sofrem frequentemente (como *Eichhornia,* no presente estudo) e/ou morrem devido à sua incapacidade de metabolizar estes elementos nocivos. No entanto, algumas plantas podem, (como *Pteris,* no presente estudo) sobreviver e/ou prosperar quando acumulam altas concentrações de elementos tóxicos.

Dos resultados obtidos até agora, *a Pteris vittata* parece ser mais adequada do que a *Eichhornia crassipes* para a sua possível utilização na fitoextracção de solos contaminados com arsénio. O estudo comparativo revela que *a Pteris vittata* é a planta mais eficiente no combate e na tolerância ao stress do arsénio.

Reconhecimento

Agradece-se a assistência financeira da UGC, Nova Deli, sob a forma de um projeto de investigação menor.

Referências

1. Christen K. 2001. A ameaça do arsénico agrava-se. Environmental Science and Technology 35: 286A-291A.
2. Berg M, Tran HC, Nguyen TC, Pham HV, Schertenleib R, Giger W. 2001. Contaminação por arsénico das águas subterrâneas e da água potável no Vietname: uma ameaça para a saúde

humana. Environmental Science and Technology 35: 2621-2626.

3. Schnoor, J.L. 2002. Fitorremediação do solo e das águas subterrâneas. Tecnologia GWRTAC Relatório de avaliação TE-02-01.
4. Tu, C., e L.Q. Ma. 2002. Effects of arsenic concentrations and forms on arsenic uptake by the hyperaccumulator ladder brake. J. Environ. Qual. 31: 641-647.
5. Arnon, D.I. 1949. Enzimas de cobre em cloroplastos isolados. Polifenoloxidase em *Beta vulgaris*. Plant Physiol. 24 : 1-15.
6. Davies, B.H. 1965. Analysis of carotenoid pigments. In: Chemistry and Biochemistry of Plant Pigments, (Ed. Goodwin, T.W.), Academic Press, New York, pp. 489-531.
7. Lowry, O.H., Rosebrough, N.J., Farr, A.L. e Randall, R.J. 1951. Medição de proteínas com o reagente Folin Fenol. J. Biol. Chem. 193 : 265-275.
8. Lee, Y.P. e Takahashi, T. 1966. Uma determinação colorimétrica melhorada de aminoácidos com a utilização de ninidrina. Anal. Biochem. 14 : 71-77.
9. Somogyi,M. 1945. Um novo reagente para a determinação de açúcares. J. Biol. Chem. 160 : 61-68.
10. Sen, Supatra. 2014. Alterações metabólicas ao estresse induzido por arsênico em *Eichhornia crassipes* (Mart.) Solms (jacinto de água) e *Pteris vittata* L. (samambaia de freio) para determinar a tolerância ao estresse. In: Biologia Molecular e suas Aplicações; Conferência Internacional, Departamento de Ciências da Vida e Biotecnologia, Universidade de Jadavpur, 14 e 15 de fevereiro de 2014 pp. 43-44.

Alterações nas actividades de enzimas de eliminação e índices de ERO em resposta ao stress oxidativo induzido pelo arsénio em *Pteris vittata* e *Eichhornia crassipes* para determinar a tolerância ao stress

Resumo

A poluição por arsénio é um problema **ambiental** contemporâneo e a contaminação dos solos por arsénio conduz frequentemente à contaminação das águas subterrâneas e à toxicidade do arsénio para as plantas, os animais e os seres humanos. A remediação de solos contaminados com arsénio tornou-se uma questão ambiental importante na Índia. **A fitorremediação** é a utilização de plantas para remover ou tornar inofensivos os contaminantes no ecossistema. Na verdade, a fitorremediação inclui vários métodos, como a fitovolatilização, a fitoestabilização e a fitoextracção. **A fitoextracção** é a utilização de plantas, de preferência hiperacumuladoras, para absorver os contaminantes.

Este estudo tem como objetivo examinar a absorção comparativa de arsénio e as adaptações metabólicas de *Pteris vittata* (feto) e *Eichhornia crassipes* (jacinto de água) sob stress de arsénio. O estudo comparativo revelará as alterações metabólicas e as respostas das duas plantas ao stress de arsénio, indicando assim a planta mais eficiente no combate e na tolerância ao stress. O stress oxidativo induzido pelo arsénico será analisado através dos índices de ROS, do teor de peróxido total e de malondialdeído (MDA) e das actividades das enzimas catalase, peroxidase e superóxido dismutase (SOD). O perfil bioquímico e enzimático, *ou seja,* os estudos sobre estes parâmetros de *Pteris* e *Eichhornia*, revelarão o impacto do stress do arsénio na fisiologia e no metabolismo destas duas plantas e a sua possível utilização na fitoremediação (fitoextracção) de solos contaminados com arsénio.

A maior parte da concentração de arsénio foi encontrada nas frondes (*Pteris*) ou nas folhas (*Eichhornia*), pelo que o trabalho foi realizado com amostras de frondes e folhas. As concentrações de arsénio selecionadas são 0, 130 e 270 pM durante 1, 5 e 10 dias. *A* partir dos resultados obtidos, *a Pteris vittata* parece ser mais eficaz na absorção de arsénio do que a *Eichhornia.* A concentração de arsénio foi elevada em amostras de *P. vittata* com 10 dias de idade, em comparação com *Eichhornia*, que mostrou uma absorção relativamente menor. O peróxido total e o MDA, índices de espécies reactivas de oxigénio, foram elevados em *Eichhornia*, demonstrando a toxicidade predominante do arsénio, enquanto as enzimas de eliminação, *nomeadamente* a catalase, a peroxidase e a SOD, apresentaram actividades significativamente reduzidas em *Eichhornia* em comparação com *Pteris*, o que pode ser a principal razão para a grave toxicidade do arsénio em *Eichhornia.*

Palavras-chave : Fitoremediação, fitoextracção, poluição por arsénio, peróxido total, malondialdeído (MDA), catalase, peroxidase, superóxido dismutase (SOD)

Introdução e objetivo

A poluição por arsénio é um problema ambiental contemporâneo e a contaminação dos solos por arsénio conduz frequentemente à contaminação das águas subterrâneas e à toxicidade do arsénio para as plantas, os animais e os seres humanos. A recuperação de solos contaminados com arsénio tornou-se uma questão ambiental importante. A elevação dos níveis de arsénio nos solos causa uma preocupação considerável no que diz respeito à absorção pelas plantas e à subsequente entrada na flora, na fauna e nas cadeias alimentares humanas. A especiação do arsénio no ambiente é complexa, existindo tanto em formas inorgânicas como orgânicas, sendo a interconversão entre espécies regulada por processos bióticos e abióticos.

A fitorremediação é a utilização de plantas para remover ou tornar inofensivos os contaminantes no ecossistema. Na verdade, a fitorremediação inclui vários métodos, como a fitovolatilização, a fitoestabilização e a fitoextracção. A fitoextracção é a utilização de plantas, de preferência hiperacumuladoras, para absorver contaminantes. A fitoextracção tem-se tornado cada vez mais popular devido ao seu baixo custo em comparação com as tecnologias de remediação mais tradicionais. Os custos envolvidos na fitoremediação podem incluir a plantação, a manutenção, a colheita e a eliminação da biomassa vegetal. O volume e a massa da eliminação da planta são significativamente menores do que a eliminação do solo quando é necessária uma escavação. No entanto, como a fitoextracção depende da planta, as condições no local devem ser capazes de manter a produção vegetal e o contaminante deve estar acessível às raízes para absorção. Para além disso, os solos com concentrações muito elevadas de contaminantes podem inibir o crescimento das plantas e/ou prolongar significativamente o tempo necessário para a remediação.

Este estudo tem como objetivo examinar a absorção comparativa de arsénio e as adaptações metabólicas de *Pteris vittata* (feto) e *Eichhornia crassipes* (jacinto de água) sob stress de arsénio. O estudo comparativo revelará as alterações metabólicas e as respostas das duas plantas ao stress de arsénio, indicando assim a planta mais eficiente no combate e na tolerância ao stress.

Materiais e métodos

Razões para selecionar *Pteris* e *Eichhornia*

A Pteris vittata produz uma biomassa relativamente elevada e é uma planta de crescimento rápido. É uma planta perene e é comum encontrá-la a crescer em quase todo o lado em Calcutá e arredores. Ao contrário de muitos outros fetos, também tolera o sol pleno, mas também cresce bem em condições de sombra. *A Pteris vittata* prefere um ambiente de solo alcalino. Isto pode contribuir para a sua capacidade de hiperacumulação de arsénio porque, em geral, o arsénio está mais disponível a um pH mais elevado. *A Pteris vittata* também é capaz de absorver muitas formas de arsénio. *A Eichhornia crassipes* (Mart.) Solms. é originária do Brasil. Pensa-se que as plantas foram introduzidas pela primeira vez nos Estados Unidos na Exposição dos Estados do Algodão de 1884 em Nova Orleães, LA. O jacinto de água é uma erva daninha flutuante, florida e perene (que requer um habitat húmido), que forma jangadas densas na água e na lama. As plantas grandes e robustas do jacinto de água são frequentemente designadas por "jacintos de touro". Cresce mais depressa do que qualquer outra planta testada. O jacinto de água é uma planta aquática que pode florescer e reproduzir-se flutuando livremente à superfície da água ou pode também ancorar-se na lama. É de ocorrência comum nas massas de água em Calcutá (onde este trabalho foi efectuado) e é conhecida por bioacumular metais pesados.

Estimativa bioquímica e ensaio enzimático

A Pteris vittata e a Eichhornia crassipes utilizadas para o trabalho experimental têm idades idênticas. As plantas *de Pteris* foram germinadas a partir de esporos e as plantas com 4 meses de idade foram aclimatadas num sistema hidropónico para promover o crescimento das raízes. Após aclimatação em solução nutritiva de Hoagland a 0,2 durante 2 semanas, as plantas foram transferidas para uma solução nutritiva de Hoagland a 0,2 contendo diferentes concentrações de arsénio como As (V), como arseniato de sódio ($Na_2HAsO_4.7H_2O$). As concentrações de arsénio finalmente selecionadas são 0, 130 e 270 pM. As plantas foram colhidas em três intervalos, *isto é,* 1, 5 e 10 dias após o tratamento com arsénio. *A Eichhornia* foi colhida em lagos próximos e deixada a crescer, aclimatar-se e reproduzir-se no laboratório. Assim, as plantas filhas obtidas tinham a mesma idade e foram utilizadas como material de ensaio. Tal como *Pteris*, foram submetidas ao mesmo tratamento com arsénio na forma de arseniato de sódio. As plantas foram colhidas em três intervalos, ou seja, 1, 5 e 10 dias após o tratamento com arsénio. Foram mantidos conjuntos de controlo em todas as experiências para comparação. O peróxido total foi estimado de acordo com Thurman *et al.* (1972), o MDA de acordo com o método de Heath e Packer (1968), a enzima catalase foi testada de acordo com Gasper e Lacoppe (1968), a peroxidase de acordo com Chance e Maehly (1955), a SOD de acordo com Marshall e Worsfold (1978) e o teor de proteínas foi estimado de acordo com Lowry *et al.*(1951). Todas as experiências foram efectuadas em triplicado e depois submetidas a análises estatísticas utilizando a tabela de análise de variância (ANOVA).

Resultados e discussão

A maior parte da concentração de arsénio foi encontrada nas frondes (*Pteris*) ou nas folhas (*Eichhornia*), pelo que o trabalho foi realizado com amostras de frondes e folhas. As concentrações de arsénio selecionadas são 0, 130 e 270 pM durante 1, 5 e 10 dias. *A* partir dos resultados obtidos, *Pteris vittata* parece ser mais eficaz na absorção de arsénio do que *Eichhornia*. A concentração de arsénio foi elevada em amostras de *P. vittata* com 10 dias de idade, em comparação com *Eichhornia*, que mostrou uma absorção relativamente menor (Sen 2014a). O peróxido total e o MDA, índices de espécies reactivas de oxigénio, foram elevados em *Eichhornia* (Figuras 1 e 2), mostrando a toxicidade prevalecente do arsénio, enquanto as enzimas de eliminação *viz.* catalase, peroxidase, SOD mostraram actividades significativamente diminuídas em *Eichhornia* em comparação com *Pteris,* (Figuras 3, 4 e 5), o que é a razão para a toxicidade grave do arsénio em *Eichhornia.*

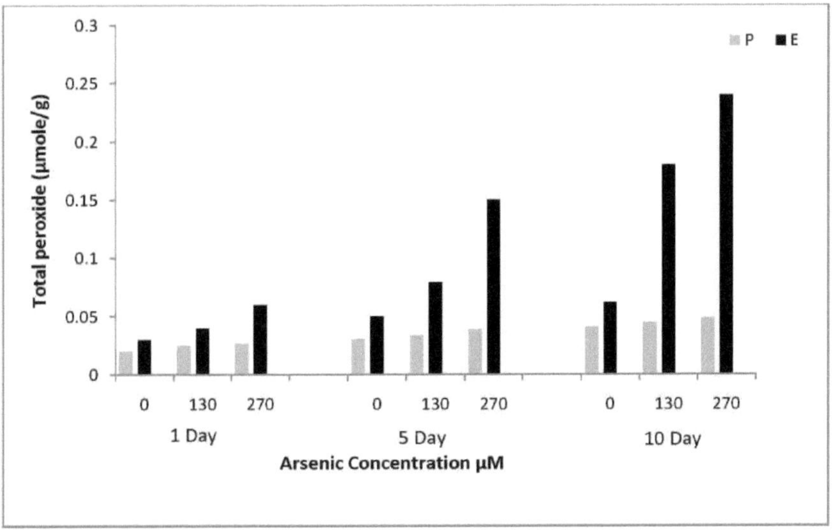

Fig. 1 Teor de peróxidos totais
S. E. = 0.09
C. D. = 0.10 (5%)

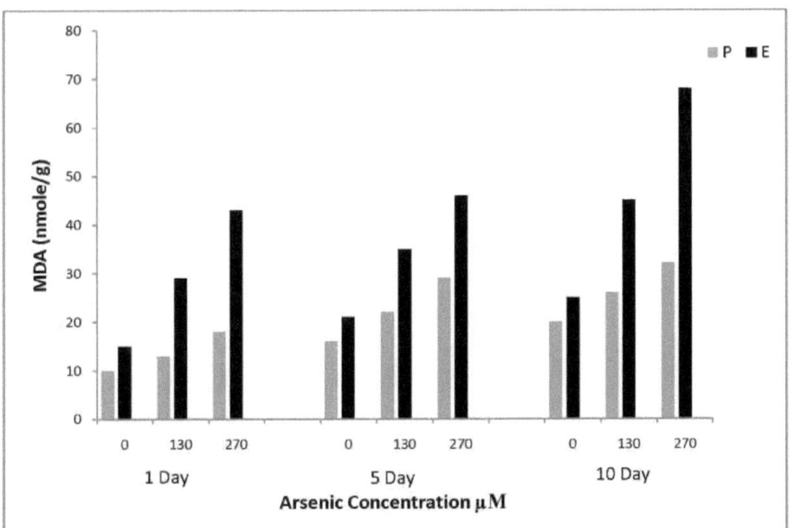

Fig. 2 Teor de malondialdeído (MDA)
S. E. = 0.73
C. D. = 0.75 (5%)

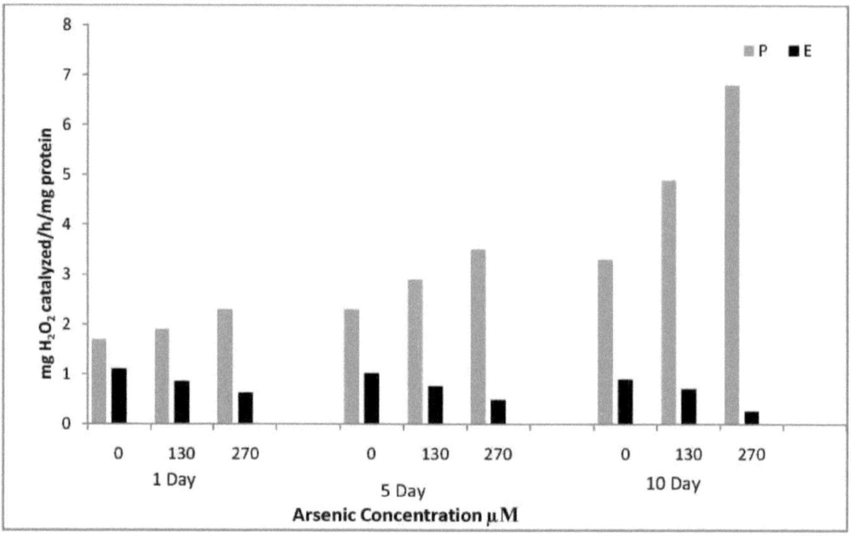

Fig. 3 Atividade da enzima catalase
S. E. = 0.26
C. D. = 0.27 (5%)

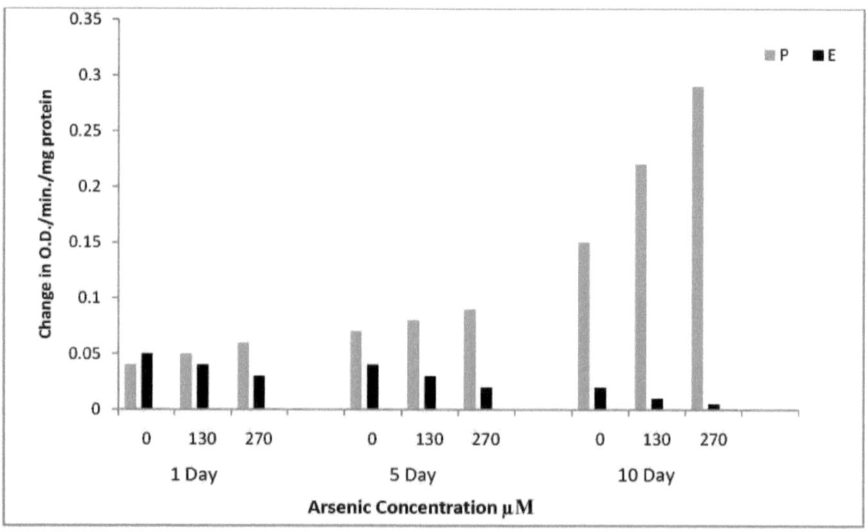

Fig. 4 Atividade da enzima peroxidase
S. E. = 0.07
C. D. = 0.07 (5%)

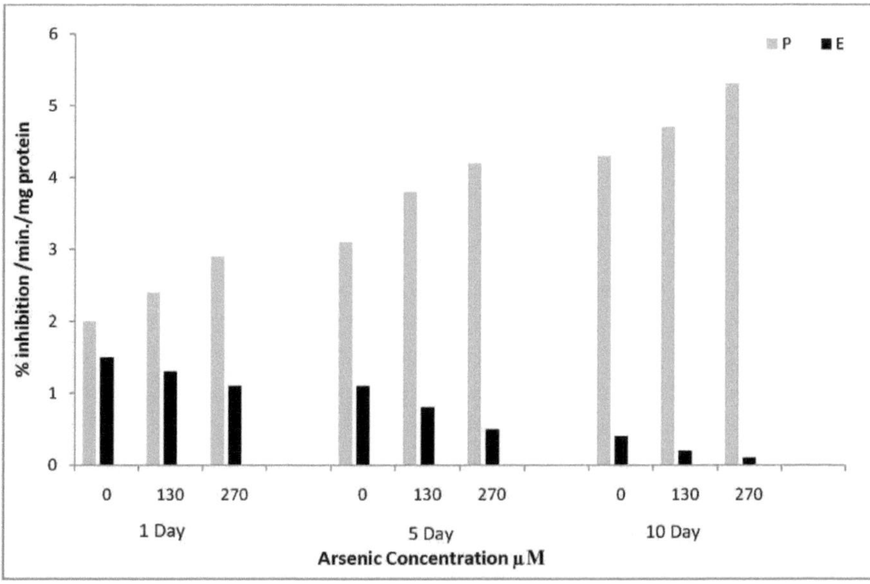

Fig. 5 Atividade da enzima superóxido dismutase (SOD)
S. E. = 0.09
C. D. = 0.10 (5%)

Geralmente, em concentrações elevadas de contaminantes no solo ou na água, as plantas sofrem frequentemente (como *Eichhornia,* no presente estudo) e/ou morrem devido à sua incapacidade de metabolizar estes elementos nocivos. No entanto, algumas plantas podem, (como *Pteris,* no presente estudo) sobreviver e/ou prosperar quando acumulam altas concentrações de elementos tóxicos (Sen 2014b; Lahiri *et al.* 2014).

A partir dos resultados obtidos, *a Pteris vittata* parece ser mais adequada do que a *Eichhornia crassipes* para a sua possível utilização na fitoextracção de solos contaminados com arsénio. O estudo comparativo revela que *a Pteris vittata* é a planta mais eficiente no combate e na tolerância ao stress de arsénio, tal como revelado pelo perfil bioquímico e enzimático. Num trabalho anterior, enquanto *a Eichhornia* mostrou concentrações significativamente diminuídas de clorofila, carotenóides, proteínas, azoto, aminoácidos, fenóis totais e hidratos de carbono, mesmo em baixas concentrações de arsénio, *a Pteris* pareceu não ser afetada comparativamente (Sen 2014a,c). O estado fisiológico de *Eichhornia* revela a ineficiência da planta para lidar com o stress do arsénio e o stress oxidativo induzido pelo arsénio é

significativamente elevada em *Eichhornia.* As actividades das enzimas de eliminação estão significativamente diminuídas sob stress oxidativo e são, portanto, em grande parte responsáveis pelas condições de stress prevalecentes (Foyer 1997; Del Rio *et al.* 2006; Sen *et al.* 2014). Uma vez que *Pteris* é um melhor acumulador de arsénio e está fisiologicamente mais adaptado para lidar com o stress do arsénio, é mais adequado para a fitorremediação (fitoextracção) em casos de poluição ou contaminação por arsénio em comparação com *Eichhornia*.

Reconhecimento

Agradece-se a assistência financeira da University Grants Commission, Nova Deli, sob a forma de Minor Research Proj ect.

Referências

1. Chance B, and Maehly AC (1955) Assay of catalases and peroxidases, Methods in Enzymology, (Ed. Colowick SP and Kaplan NO), Academic Press, New York. 2: 764775.
2. Del Rio LA, Sandalio L M, Corpas FJ, Palma JM, e Barroso JB (2006) Reactive oxygen species and reactive nitrogen species in peroxisomes. Produção, eliminação e papel na sinalização celular. Fisiologia Vegetal 141(2) : 330-335
3. Foyer CH (1997) Oxygen metabolism and electron transport in photosynthesis, In: Scandalios J (ed) Molecular Biology of Free Radical Scavenging Systems, Cold Spring Harbor Laboratory Press, New York, NY, USA pp. 587-621.
4. Gasper T e Lacoppe J (1968) O efeito de CCC e AMO-1618 no crescimento, catalase, peroxidase, atividade IAA-oxidase de jovens plântulas de cevada. Physiologia Plantarum 2 : 1104-1109.
5. Heath RL e Packer L (1968) Photorespiration in isolated chloroplasts. 1. Cinética e estequiometria da peroxidação de ácidos gordos. Arch Biochem Biophys 125 : 189-198.
6. Lahiri S, Pal A e Sen Supatra (2014) Bioremediation: Nature's Way to a Cleaner Environment. Actas do seminário "Prospect of Biotechnology in rural Bengal", seminário nacional patrocinado pela UGC no Uluberia College, ISBN 978-81-928627-2-9
7. Lowry OH, Rosebrough NJ, Farr AL e Randall RJ (1951) Medição de proteínas com o reagente de folina-fenol. The Journal of Biological Chemistry 193(1) : 265-275.
8. Marshall MJ e Worsfold M (1978) Superóxido dismutase: um ensaio linear direto e contínuo utilizando o elétrodo de oxigénio. Anal. Biochem. 86 : 561-573.
9. Sen P, Aich A, Pal A, Sen Supatra e Pal D (2014) Perfil de Antioxidantes e Enzimas de Eliminação durante Diferentes Estágios de Desenvolvimento em *Vigna radiata* (L.) Wilczek (Mungbean) sob Condições Ambientais Naturais. Revista Internacional de Pesquisa Vegetal 2014, 4(2): 56-61 DOI: 10.5923/j.plant.20140402.03
10. Sen Supatra (2014 a) Um estudo comparativo sobre as alterações bioquímicas induzidas pelo arsénio em *Eichhornia crassipes* (Mart.) Solms (Jacinto-de-água) e *Pteris vittata* L. (Feto-brake). Actas do Seminário "Impacto da Poluição: Assessment and Awareness", Departamento de Zoologia, Hooghly Women's College, pp.185-192. ISBN 978-81-921083-8-4
11. Sen Supatra (2014 b) Mudanças nos constituintes bioquímicos em resposta ao estresse induzido por arsênico em *Pteris vittata* e *Eichhornia crassipes* para determinar a tolerância ao estresse - uma revisão, Beats of Natural Sciences, 2: 1-5.

12. Sen Supatra (2014 c) Alterações metabólicas ao stress induzido por arsénio em *Eichhornia crassipes* (Mart.) Solms (Jacinto de água) e *Pteris vittata* L. (Feto de freio) para determinar a tolerância ao stress. Actas do seminário "Molecular Biology and its Applications" International Conference, Dept. of Life Science & Biotechnology, Jadavpur University, pp.43-44
13. Thurman RG, Ley HG e Scholz R (1972) Hepatic microsomal ethanol oxidation, hydrogen peroxide formation and the role of catalase. Eur. J. Biochem 25 : 420-430.

Da "primavera Silenciosa" à "Navdanya": Género, Ambiente e Sustentabilidade

Resumo

A visão globalmente partilhada do desenvolvimento sustentável tem uma forte dimensão de género que sublinha a necessidade de continuar a identificar a igualdade de género e o empoderamento das mulheres como um objetivo de desenvolvimento fundamental. Uma vez que as mulheres têm direitos (formais e tradicionais) sobre os recursos e as decisões que os regem diferentes dos dos homens, é necessária uma abordagem diferenciada em função do género para corrigir algumas das desigualdades. A posição da mulher na família e na comunidade, bem como a sua participação política, determinam, em grande medida, o seu controlo sobre as decisões relacionadas com o ambiente. Os papéis e os contributos de algumas mulheres ambientalistas - Rachael Carson, Gaura Devi, Wangari Maathai, Vandana Shiva, Medha Patkar e outras - são discutidos tendo em vista a estabilidade e a sustentabilidade ambientais. Considerando as diferentes iniciativas globais, é vital ter em conta as necessidades das mulheres e reforçar a sua liderança e participação nas crises ambientais e de sustentabilidade. As mulheres podem ser agentes poderosos de mudança na transição para a energia sustentável e o seu envolvimento na conceção, distribuição, gestão e consumo de recursos pode contribuir muito para alcançar os objectivos de desenvolvimento acordados internacionalmente.

Palavras-Chave : Desenvolvimento sustentável, estabilidade ambiental, igualdade de género, gestão de recursos, mulheres ambientalistas

"A promoção da igualdade de género pode ser uma das melhores formas de salvar o ambiente e de combater os perigos da sobrepopulação e outras adversidades associadas à pressão demográfica. A voz das mulheres é extremamente importante para o futuro do mundo - e não apenas para o futuro das mulheres. "

Amartya Sen

Introdução

O desenvolvimento sustentável exige a prossecução de objectivos económicos, sociais e ambientais como objectivos de desenvolvimento interligados. É fundamental que a igualdade entre homens e mulheres - um direito humano e uma força catalisadora para a realização de todos os objectivos de desenvolvimento - esteja no centro desta prossecução. A visão globalmente partilhada do desenvolvimento sustentável tem uma forte dimensão de género que sublinha a necessidade de continuar a identificar a igualdade de género e o empoderamento das mulheres como um objetivo de desenvolvimento fundamental e como um catalisador para alcançar todos os outros objectivos e metas.

De acordo com o PNUA, o debate sobre Género e Ambiente baseia-se em dois preceitos:

O género medeia as interações homem/ambiente e toda a utilização, conhecimento e avaliação do ambiente; e

Os papéis, as responsabilidades, as expectativas, as normas e a divisão do trabalho entre os géneros moldam todas as formas de relações humanas com o ambiente.

Estes dois grandes princípios manifestam-se numa variedade de relações e interações ambientais, incluindo:

-As diferenças de género são evidentes na utilização e gestão dos recursos naturais e as relações desiguais na família, na comunidade, etc., medeiam o acesso das mulheres aos recursos;

-As diferenças de género são evidentes nas estratégias de subsistência que estão enraizadas em utilizações específicas do ambiente;

-As diferenças de género são evidentes no conhecimento do ambiente, no conhecimento de recursos específicos e nos problemas ambientais;

-As diferenças de género são evidentes nas responsabilidades de gestão, propriedade ou administração dos recursos e nos direitos aos recursos;

-As diferenças entre os géneros são evidentes nos encontros com o ambiente, nas percepções do ambiente e nas percepções da natureza e gravidade dos problemas ambientais;

-Todos estes factores contribuem para as diferenças de género que são evidentes na responsabilização, gestão e ação em prol do ambiente.

O trabalho das mulheres envolve frequentemente a recolha de água e de combustível; a recolha de produtos vegetais e animais e a gestão das terras agrícolas, de pastagem e florestais e também da pesca. O nível de educação é relevante, mas também o são os conhecimentos tradicionais e convencionais (Sen, 2015a). Em particular, é necessário reconhecer os sistemas de conhecimento indígenas, que são frequentemente ignorados pelos sistemas de educação formal (Sen, 2014a). Ao mesmo tempo, devido ao seu acesso limitado à educação, as mulheres podem ser ignorantes sobre questões ambientais menos tradicionais, como o uso seguro de agroquímicos e como lidar com a poluição da água e a eliminação de resíduos.

O acesso e o controlo dos recursos e dos seus benefícios é outra questão crítica. Uma vez que as mulheres têm direitos (formais e tradicionais) sobre os recursos e as decisões que os regem diferentes dos homens, é necessária uma abordagem diferenciada em função do género para corrigir algumas das desigualdades (Sen, 2014b). A posição da mulher na família e na comunidade, bem como a sua participação política, determinam em grande medida o seu controlo sobre as decisões relacionadas com o ambiente, tais como os métodos de colheita e de cultivo, a atribuição de benefícios, incluindo o rendimento, e as operações de conservação e regeneração ambiental (Sen, 2015b). Daqui decorre que este facto também influencia a inclusão, ou a falta dela, das visões, percepções e prioridades das mulheres nas decisões, processos e instituições (Neefjes, 2000).

Como Wichterich (2000) e outros mostraram, as tendências da globalização provocaram mudanças rápidas nas economias, sociedades e culturas globais e locais, bem como no ambiente e nas posições de género nas sociedades. As práticas de exclusão dos grupos mais ricos impedem muitas vezes que os pobres tenham acesso a serviços básicos, incluindo serviços ecosistémicos como água potável, combustível e produtos alimentares. Algumas pessoas, incluindo muitas mulheres, sofreram claramente com a liberalização económica e os regimes de privatização (Sen, 2011a).

De acordo com o Banco Mundial, em 1991, *"as mulheres desempenham um papel essencial na gestão dos recursos naturais, incluindo o solo, a água, as florestas e a energia... e têm frequentemente um profundo conhecimento tradicional e contemporâneo do mundo natural que as rodeia"*. No início dos anos 70, foi despertado um interesse pelas mulheres e pela sua ligação ao ambiente, em grande parte devido a um livro escrito por Esther Boserup intitulado *"Woman's Role in Economic Development"*. Na década de 1980, os decisores políticos e os governos tornaram-se mais conscientes da ligação entre o ambiente e as questões de género. Começaram a ser introduzidas alterações no que respeita à gestão dos recursos naturais e do ambiente, tendo em conta o papel específico das mulheres.

No entanto, o debate sobre mulheres, ambiente e desenvolvimento (WED) começou no início da década de 1970, em grande parte devido à crise do petróleo. Na Cidade do México, em 1975, na Primeira Conferência Mundial sobre as Mulheres, **Vandana Shiva**, cientista, ambientalista e autora, apresentou a questão das **mulheres e** do **ambiente**. A preocupação com o esgotamento dos recursos florestais foi levantada à medida que as pessoas começaram a perceber que esses recursos eram finitos. O papel das mulheres na agricultura e o seu papel como utilizadoras de madeira e combustível começaram a ser analisados. Em breve, foi estabelecida uma ligação importante com o impacto que o desenvolvimento ambiental tinha nas mulheres. *"O debate sobre as mulheres, o ambiente e o desenvolvimento (debate WED) está ancorado numa visão crítica das políticas de desenvolvimento em que se centra a ligação entre a modernização/industrialização e a tecnologia, por um lado, e a deterioração ambiental, por outro"*.

Rachel Carson e a "primavera Silenciosa

Rachel Carson, autora de renome na área da natureza e antiga bióloga marinha do Serviço de Pesca e Vida Selvagem dos EUA, publicou ***"primavera Silenciosa"*** (1962), a quem se atribui o impulso do movimento ambientalista moderno. O seu livro alertava para os perigos da pulverização indiscriminada de pesticidas sintéticos, o que levou a um ativismo popular que conduziu à criação da Agência de Proteção do Ambiente (EPA) em 1970 e à proibição da maior parte das utilizações domésticas do DDT pela EPA em 1972.

Carson era mais feliz a escrever sobre a força e a resistência dos sistemas naturais. Os seus livros *"Under the Sea Wind", "The Sea Around Us"* (que se manteve na lista de bestsellers *do New York Times* durante 86 semanas) e *"The Edge of The Sea"* eram hinos à interconexão da natureza e de todos os seres vivos. Embora raramente usasse o termo, Carson tinha uma visão ecológica da natureza, descrevendo numa linguagem precisa mas poética a complexa teia de vida que ligava os moluscos às aves marinhas e aos peixes nadando nas zonas mais profundas e inacessíveis do oceano.

"primavera Silenciosa", que vendeu mais de dois milhões de exemplares, defendia a ideia de que se a humanidade arruinasse a natureza, a natureza, por sua vez, arruinaria a humanidade. *"Os nossos actos desatentos e destrutivos entram nos vastos ciclos da Terra e, com o tempo, voltam para nos pôr em perigo a nós próprios",* escreveu. Continuamos a ver os efeitos da intervenção humana sem restrições através dos olhos de Carson - de facto, ela popularizou a ecologia moderna. *"De vez em quando, na história da humanidade, aparece um livro que altera substancialmente o curso da história",* disse o senador Ernest Gruening, democrata do Alasca, a Carson na altura.

"A primavera Silenciosa é um acontecimento marcante. Muito poucos livros tiveram o mesmo impacto nas políticas públicas", afirma William Souder, autor de *"On A Farther Shore: The Life and Legacy of Rachel Carson". "É a linha de fratura entre o conservacionismo, que dominou a primeira metade do século XX, e o ambientalismo atual, mais politicamente divisivo."*

Carson demorou quatro anos a concluir ***"Silent Spring".*** A obra descrevia meticulosamente a forma como o DDT entrava na cadeia alimentar e se acumulava nos tecidos dos animais, incluindo os seres humanos, causando danos genéticos e cancro. Uma única aplicação numa cultura, escreveu, matava insectos durante semanas e meses, e não só os insectos visados mas inúmeros outros, e permanecia tóxico no ambiente mesmo depois de ser diluído pela água da chuva. Carson concluiu que o DDT e outros pesticidas tinham causado danos irreversíveis a aves e animais e tinham contaminado todo o abastecimento alimentar mundial.

"primavera Silenciosa" começa com um mito, "**Uma Fábula para o Amanhã**", em que Carson descreve *"uma cidade no coração da América onde toda a vida parecia viver em harmonia com o que a rodeava*". "Ciente de que estava a ligar o seu mundo ideal a um mundo que os leitores conheciam, Carson não apresenta um deserto imaculado, mas uma cidade onde as pessoas, as estradas e as sarjetas coexistem com a natureza - até que uma misteriosa praga se abate sobre este lugar perfeito. *"Nenhuma feitiçaria",* escreve Carson, *"nenhuma ação inimiga tinha silenciado o* *renascimento de uma nova vida neste mundo atingido. As pessoas tinham-no feito elas próprias".* Talvez o capítulo mais assombroso e famoso do livro, ***"Uma Fábula para o Amanhã",*** retratava uma cidade americana sem nome onde toda a vida - dos peixes aos pássaros, das flores de macieira às crianças humanas - tinha sido *"silenciada"* pelos efeitos insidiosos do DDT. *"Era uma vez uma cidade no coração da América onde toda a vida parecia viver em harmonia com o seu ambiente ... Depois, uma estranha praga instalou-se na zona e tudo começou a mudar... Havia uma estranha quietude... Os poucos pássaros que se viam eram moribundos; tremiam violentamente e não conseguiam voar. Era uma primavera sem vozes. Nas manhãs que outrora tinham vibrado com o coro da madrugada de dezenas de vozes de pássaros, agora não havia som; apenas o silêncio pairava sobre os campos, bosques e pântanos."*

Carson sabia que o seu público-alvo de leitores populares incluía muitas donas de casa. Ela contava com este exército de cidadãos preocupados, quer como fontes que descobriam piscos e esquilos envenenados por pesticidas à porta das suas casas, quer como leitores a quem tinha de apelar. A imagem indelével de um esquilo morto era descrita assim: *"A cabeça e o pescoço estavam estendidos e a boca continha frequentemente sujidade, sugerindo que o animal moribundo tinha estado a morder o solo".* Carson pergunta então aos seus leitores: *"Ao concordar com um ato que causa tal sofrimento a uma criatura viva, quem de entre nós não fica diminuído como ser humano?""*

Gaura Devi e o Movimento Chipko

O primeiro registo de uma mulher a tentar proteger o ambiente remonta a cerca de 300 anos atrás, quando, no Rajastão, Índia, uma mulher, **Amrita Devi**, protestou contra o abate de árvores para a construção de um palácio para o marajá de Jodhpur. Morreu na tentativa, a que se seguiram protestos em grande escala dos aldeões locais. Segundo a história, o rei prometeu nunca mais pedir madeira aos aldeões locais. Amrita Devi pertencia à comunidade Bishnoi, conhecida pelo seu amor à natureza. (https://nvdatabase.swarthmore.edu/content/bishnoi-villagers- sacrifice-lives-save-trees-1730)

Na Índia, o **movimento Chipko**, na região de Uttarakhand, nos Himalaias, é frequentemente tratado como um **movimento de mulheres para proteger a ecologia da floresta** de **Uttarakhand** dos machados dos empreiteiros. Mas as razões subjacentes à participação das mulheres eram mais económicas do que ecológicas. De facto, os interesses económicos e ecológicos de Uttarakhand estão tão interligados que é difícil promover um sem promover o outro e daí o aparecimento do slogan *"Ecologia é economia permanente".* "

Em hindi, a palavra **Chipko** significa "*agarrar*", "abraçar" ou "*abraçar*" e foi isso que as mulheres de Uttarakhand fizeram nos anos 70 para salvar as árvores. O movimento Chipko foi um movimento não violento baseado na filosofia gandhiana da resistência pacífica e que visava a proteção e a conservação das árvores e das florestas contra a destruição. Foi uma forte revolta contra as pessoas que estavam a destruir os recursos naturais das florestas e a perturbar todo o equilíbrio ecológico.

O acontecimento marcante desta luta teve lugar em 26 de março de 1974, quando um grupo de mulheres camponesas da aldeia de Reni, Hemwalghati, no distrito de Chamoli, Uttarakhand, Índia, agiu para impedir o corte de árvores e reclamar os seus direitos florestais tradicionais, ameaçados pelos empreiteiros do Departamento Florestal do Estado, e se realizaram centenas de acções deste tipo a nível das bases, em toda a região.

Quando o Departamento Florestal anunciou um leilão de milhares de árvores na floresta de Reni, com vista para o rio Alaknanda, que já tinha sofrido uma inundação desastrosa, uma mulher - **Gaura Devi** - organizou as mulheres da sua aldeia para proteger as árvores da empresa que ganhou o leilão. Impediram fisicamente o abate das árvores, obrigando assim o governo de Uttar Pradesh a investigar. Dois anos mais tarde, o governo proibiu por 10 anos o abate de árvores na zona. Mais tarde, a proibição foi imposta em Himachal Pradesh, Karnataka, Rajasthan, Bihar, Western Ghats e Vindhyas. Depois disso, as mulheres impediram o abate de árvores em muitas outras florestas ao longo dos Himalaias. Criaram também cooperativas para proteger as florestas locais e para organizar a produção de forragem a preços que não prejudicassem as árvores. No âmbito do movimento Chipko, as mulheres aderiram a esquemas de rotação de terras para a recolha de forragem, ajudaram a replantar terras degradadas e criaram e gerem viveiros abastecidos com espécies por elas selecionadas. Nos anos 80, o movimento espalhou-se por toda a Índia e levou à formulação de políticas florestais sensíveis às pessoas e ao fim do abate de árvores a céu aberto. (http ://edugreen.teri .res. in/explore/ forestry/ chipko. htm)

Foram escritos vários livros sobre o Movimento Chipko, um dos quais, *"Emancipated Women-Folk of Uttarakhand"*, publicado pelo Himalayan Action Research Centre, Dehradun. Uma versão resumida foi contada por C.S. Lakshmi no seu artigo no *'Hindu'*, Lessons from the Mountains: A história de Gaura Devi. Um excerto diz

"Uma pessoa sábia disse um dia que a silvicultura não tem a ver com árvores. Tem a ver com as pessoas. Ninguém se apercebeu disto melhor do que as mulheres da região de Uttarakhand. Atualmente, toda a gente conhece o Movimento Chipko. Mas não são muitos os que conhecem as mulheres da região de Uttarakhand que fizeram da sua missão de vida deixar florestas intactas para os seus filhos e netos... Uma mulher que as gerações futuras de Uttarakhand não esquecerão é Gaura Devi, que mobilizou as mulheres desta região para proteger o seu património natural!" (http://www.thehindu.com/2000/05/21/stories/13210414.htm)

A protagonista de Chipko, Gaura Devi, é uma lenda viva na região dos Himalaias. A sua história tem sido contada às crianças da região montanhosa ao longo dos anos. Gaura Devi não foi educada no sentido convencional, mas tinha uma grande sabedoria tradicional. Participava ativamente no panchayat e noutros trabalhos comunitários. Foi-lhe pedido que fosse a presidente da Mahila Mangal Dal. Foi o primeiro do seu género a ser criado. As suas responsabilidades eram assegurar a limpeza da aldeia e a proteção das florestas comunitárias.

Depois de Reni, em 1975, as mulheres de Gopeshwar, em 1978, do Vale de Bhyundar (limiar do Vale das Flores), de Dongari-Paitoli, em 1980, tomaram a iniciativa de proteger as suas florestas. Em Dongari e Paitoli, as mulheres opuseram-se à decisão dos seus homens de ceder uma floresta de carvalhos de 60 acres para a construção de uma quinta de horticultura. Exigiram também o seu direito de serem associadas à gestão da floresta. O seu argumento foi que é a mulher que recolhe o combustível, a forragem e a água. A conservação da floresta é uma questão de vida ou morte para ela. Por isso, ela deveria ter uma palavra a dizer em qualquer decisão sobre a floresta. Atualmente, não só estão activas na proteção das florestas como também na arborização das encostas nuas. O movimento Chipko levou ao aparecimento de uma série de grupos e movimentos ambientalistas em todo o país, sensibilizando as pessoas para a necessidade de conservar o ambiente e a biodiversidade (Sen, 2008).

Enquanto movimento diversificado, com experiências, estratégias e motivações diversas, Chipko inspirou ambientalistas a nível nacional e mundial e contribuiu substancialmente para as filosofias emergentes do **ecofeminismo** e **da ecologia profunda**, bem como para os domínios da conservação de base comunitária e do desenvolvimento sustentável das montanhas.

Como explica o estudo de caso de Shobbita Jain sobre o Movimento Chipko, "o igualitarismo era quase inexistente" nos lares e nas situações familiares, uma vez que as estruturas comunitárias, o poder e a autoridade eram todos construídos em torno de uma hierarquia masculina (Jain 1984). Não surpreende, portanto, que o papel das mulheres em casa e na comunidade fosse o de cuidadoras das crianças e o de apanhar lenha e água para fins de subsistência, enquanto os homens se encarregavam geralmente da agricultura. Assim, uma vez que o trabalho das mulheres girava em torno das árvores e dos seus serviços ecológicos, elas foram instintivamente as primeiras a aperceberem-se dos efeitos extremos do abate comercial de árvores no seu ambiente e nos seus meios de subsistência. As novas técnicas de abate de árvores a um ritmo sem precedentes e conduzem a uma erosão extrema dos solos e ao esgotamento dos seus nutrientes, a deslizamentos de terras mais frequentes e à drenagem dos recursos hídricos mais rapidamente do que qualquer uma das comunidades locais poderia ter imaginado. Assim, Shobbita Jain salienta que "a mobilização colectiva das mulheres para a causa da preservação das florestas [provocou] uma situação de conflito relativamente ao seu próprio estatuto na sociedade" (Jain 1984).

Ecofeminismo e ambientalismo feminista

O termo "ecofeminismo" foi cunhado por Françoise d'Eaubonne em 1974. O ecofeminismo é visto como a ligação entre o movimento ambientalista e o movimento feminista. Trata-se de um movimento que combina múltiplos movimentos sociais. Académicas e activistas como Vandana Shiva (Índia), Ariel Salleh (Austrália), Maria Mies (Alemanha) e Gloria Goldstein (EUA) são consideradas importantes representantes do ecofeminismo.

O ecofeminismo pode ser definido como um "sistema de valores, um movimento social e uma prática... (que) também oferece uma análise política que explora as ligações entre o androcentrismo e a destruição ambiental. É uma "consciencialização" que começa com a perceção de que a exploração da natureza está intimamente ligada à atitude do Homem Ocidental em relação às mulheres e às culturas tribais." (Birkeland, 1993). De acordo com os ecofeministas, também é preciso perceber a interconexão de todos os processos da vida e, portanto, reverenciar a natureza e todas as formas de vida. Os seres humanos não devem tentar controlar a natureza, mas sim trabalhar em conjunto com ela e devem tentar ultrapassar as relações baseadas no poder. Para as ecofeministas, portanto, a dominação das mulheres e da natureza está basicamente enraizada na ideologia. Para a ultrapassar, é necessário reconstruir e reconceptualizar os valores patriarcais subjacentes e as relações estruturais da cultura de cada um e promover a igualdade, a não-violência e formas de organização não-hierárquicas para criar novas formas sociais. A teoria ecofeminista pôs em evidência as ligações entre desenvolvimento e género. Sublinhou o facto de a violência contra a natureza e contra as mulheres estar incorporada no modelo de desenvolvimento dominante.

No entanto, críticos como Rosi Braidotti e Bina Agarwal argumentam que o ecofeminismo se concentrou demasiado em argumentos ideológicos e não conseguiu abordar as diferenças económicas e de poder que também contribuem para a diferenciação entre as mulheres, e que as ecofeministas também tendem a sobrestimar a ideia de sociedades harmoniosas, ecológicas e tradicionais. Estas imagens ecofeministas das mulheres, de facto, "retêm os estereótipos patriarcais do que os homens esperam que as mulheres sejam. "Elas congelam as mulheres como seres meramente carinhosos e nutridores, em vez de expandir toda a gama de potencialidades e capacidades humanas das mulheres" (Biehl 1991). O uso de metáforas das mulheres como "nutridoras" - como a terra, e da terra como fêmea abundante - são regressivas em vez de libertarem as mulheres" (Biehl 1991). Elas apenas reforçam os estereótipos.

Bina Agarwal sugere o "**ambientalismo feminista**" como um conceito alternativo. Este conceito insiste em que a ligação entre as mulheres e o ambiente deve ser vista como "estruturada por uma determinada organização de produção, reprodução e distribuição de género e classe/casta/raça". A sua abordagem é semelhante à da "ecologia política feminista" e dá ênfase às relações materiais e à sua estruturação das relações de género. Estas são particularmente expressas no conhecimento dinâmico e cumulativo do ambiente, das ciências e das tecnologias com base no género. O que estes argumentos parecem ignorar é que os conceitos de natureza, cultura e género são "histórica e socialmente construídos e variam entre culturas e períodos de tempo" (Agarwal 1992). Este essencialismo apresenta as mulheres como uma categoria homogénea, tanto dentro dos países como entre nações. Não diferencia as mulheres em função da sua classe, raça, etnia, etc." (Agarwal 1992).

Mas na Índia, o pensamento eco-feminista está geralmente mais preocupado com a tradição hindu, selecionando aspectos desta tradição como base racional. A famosa ecofeminista indiana Vandana

Shiva invoca exatamente este tipo de noção sobre as mulheres, a espiritualidade e a natureza quando escreve que "as mulheres na Índia são uma parte íntima da natureza, tanto na imaginação como na prática. A um nível, a natureza é simbolizada como a encarnação do princípio feminino e, a outro nível, é alimentada pelo feminino para produzir vida e fornecer sustento". (Tomalin, 2008)

Shiva parece estar a apoiar a ideia de que, com a adoração de algo na natureza ou da própria natureza como divindade, "naturalmente" o resultado será um modo de vida amigável e ecológico. No seu livro mais famoso, "Staying Alive; Women, Ecology and Survival in India", ela defende dois argumentos. Em primeiro lugar, encontramos a sua noção de "princípio feminino" (prakriti, que procura promover e preservar a harmonia e a diversidade da natureza, uma vez que esta é a fonte da vida), que tem fortes ligações ao ecofeminismo espiritual e a ideias da mitologia e da visão do mundo hindus. Em segundo lugar, encontramos a sua vertente de ecofeminismo político e socialista, que promove uma forte crítica à hegemonia masculina e à visão do mundo, bem como uma crítica ao Ocidente por ter trazido para o Oriente, através do colonialismo e da globalização, o subdesenvolvimento e o reducionismo inerentes ao capitalismo ocidental.

Wangari Maathai e o Movimento da Cintura Verde

"As árvores estão vivas, por isso reagimos a elas de formas muito diferentes. Muitas vezes, afeiçoamo-nos a uma árvore porque ela nos dá comida, forragem e combustível para as nossas fogueiras. Quando plantamos uma árvore e a vemos crescer, algo nos acontece... Vemos a relação entre uma pessoa e o ambiente. É maravilhoso ver essa transformação, e é isso que sustenta o movimento! "

Wangari Maathai

O **Green Belt Movement** (GBM) foi fundado pela Professora **Wangari Maathai** no Quénia, no Dia da Terra de 1977, sob os auspícios do National Council of Women of Kenya (NCWK), para responder às necessidades das mulheres quenianas rurais que relatavam que os seus riachos estavam a secar, que o seu abastecimento de alimentos era inadequado e que tinham de caminhar quilómetros para obter lenha para combustível e vedações. A GBM incentivou as mulheres a trabalharem em conjunto para cultivar mudas e plantar árvores para ligar o solo, armazenar água da chuva, fornecer alimentos e lenha e receber um pequeno prémio monetário pelo seu trabalho.

O Movimento procurou sempre abordar as disparidades de género, a autossuficiência e o papel e poder das mulheres na proteção ambiental. As árvores proporcionam às mulheres sombra e quebra-ventos para as culturas, melhores recursos hídricos, alimentos e rendimentos (as mulheres são pagas pelas mudas que sobrevivem), bem como competências e autonomia. Implícito no ato de plantar árvores está uma educação cívica, uma estratégia para capacitar as pessoas e dar-lhes a sensação de tomarem o seu destino nas suas próprias mãos, eliminando o seu medo...", segundo a fundadora Wangari Maathai. (http://www.greenbeltmovement.org/what-we-do/tree-planting-for-watersheds)

Desde a sua fundação, o Movimento criou uma rede nacional de milhares de viveiros nas aldeias, destinada a combater a desertificação crescente, a restaurar a saúde dos solos e a proteger as zonas de captação de água. Vários milhões de árvores foram plantadas pelos milhares de mulheres membros do Movimento. Embora algumas árvores tenham sido colhidas, milhões de outras (incluindo árvores de fruto nativas) ainda estão de pé. Mais tarde, o trabalho do Movimento expandiu-se para incluir questões de segurança alimentar e a produção de alimentos nativos, como o painço e o amendoim, muitos dos quais foram abandonados em favor de culturas de crescimento rápido e ecologicamente mais exigentes para exportação, como o café, o chá e as flores. (http://www.greenbeltmovement.org)

Pouco depois de ter iniciado este trabalho, a Professora Maathai apercebeu-se de que, por detrás das dificuldades quotidianas dos pobres, estavam questões mais profundas de desempoderamento, privação de direitos e perda de valores tradicionais. A GBM instituiu seminários de educação cívica e ambiental, agora designados seminários de capacitação e educação da comunidade, para incentivar os indivíduos a examinarem por que razão não dispunham de organização para alterar as suas circunstâncias políticas, económicas e ambientais. A integração da população com deficiência física e dos jovens que abandonaram a escola representava outro objetivo do GBM. Os organizadores esperavam que, ao envolverem-se, estes indivíduos fossem encorajados a permanecer nas suas comunidades, em vez de migrarem para as zonas urbanas em busca de emprego ou de caridade.

Consequentemente, o GBM começou a defender um maior espaço democrático e uma maior responsabilização dos líderes nacionais. Lutou contra a usurpação de terras e a invasão das florestas pela agricultura. Contestou a colocação de um bloco de torres no Parque Uhuru, em Nairobi, e alargou o seu alcance internacional para fazer campanha e defender as alterações climáticas, a importância das florestas tropicais de África no Congo, para iniciar a campanha *mottainai* - um esforço para incutir as noções de "reduzir, reutilizar, reciclar" no Quénia e em todo o mundo - e estabeleceu uma parceria com o PNUA na sua campanha Billion Tree Campaign. (http://www.greenbeltmovement.org)

Em África, como em muitas partes do mundo, as mulheres são responsáveis pelas refeições e pela recolha de lenha. O aumento da desflorestação não só significou o aumento da desertificação, como também significou que as mulheres tiveram de viajar cada vez mais longe para recolher a lenha. Isto, por sua vez, levou a que as mulheres passassem menos tempo em casa, a tratar das colheitas e a cuidar dos filhos. Ao ficarem mais perto de casa, obtendo rendimentos da colheita sustentável de frutos e madeira das árvores, as mulheres não só podem ser mais produtivas, como também podem proporcionar estabilidade em casa. Podem também criar tempo para oportunidades de educação - para si próprias ou para os seus filhos (Maathai, 2004).

Em 1981, o GBM obteve o seu primeiro financiamento significativo quando o Fundo de

Desenvolvimento das Nações Unidas para a Mulher (UNIFEM) forneceu "capital de arranque" que transformou o esforço de alguns viveiros de árvores num grande número com milhares de mudas. O apoio da UNIFEM também ***"ajudou-nos a mobilizar milhares de mulheres"***, a quem Maathai chama ***"os seus silvicultores sem diplomas"***. Em 1986, Maathai levou a sua ideia a toda a região; com financiamento do PNUA, o GBM lançou a Rede Pan-Africana da Cintura Verde. A Rede ofereceu formação e experiência prática a grupos de base sobre ambiente e desenvolvimento. Um grande número de grupos na Etiópia, Tanzânia, Uganda, Ruanda e outros países africanos integraram a abordagem do Movimento Cintura Verde. Ao longo dos anos, o GBM incorporou outras actividades comunitárias. Entre elas estão o cultivo de alimentos autóctones mais nutritivos; formas de baixa tecnologia mas eficazes de colher e armazenar água da chuva; formação em empreendedorismo; e fornecimento de informação sobre saúde reprodutiva e prevenção do VIH/SIDA.

Depois de ter sido galardoada com o Prémio Nobel da Paz em 2004, a Professora Maathai e o Movimento da Cintura Verde foram reconhecidos em todo o mundo. Maathai foi nomeada Embaixadora da Boa Vontade para o Ecossistema Florestal da Bacia do Congo, o "segundo pulmão" do mundo, a seguir à Floresta Amazónica. Os seus quatro livros (***"The Green Belt Movement", "Unbowed", "The Challenge for Africa"*** e ***"Replenishing the Earth")*** e o documentário "Taking Root: The Vision of Wangari Maathai" expandiram e enfatizaram os conceitos-chave por detrás do trabalho e da abordagem do Green Belt Movement. (http://www.nobelprize.org/nobel_prizes/peace/laureates/2004/maathai-bio.html)

Vandana Shiva e o 'Navdanya'

A Dra. Vandana Shiva é uma mulher cujo trabalho se centra em abraçar não só os princípios do feminismo, mas também os princípios da ecologia. De facto, como ecofeminista, ela vê estes dois movimentos como interligados e acredita que a visão do mundo que causa a degradação ambiental e a injustiça é a mesma visão do mundo que causa uma cultura de dominação masculina, exploração e desigualdade para as mulheres. Vandana Shiva intitula a sua teoria feminista de ecofeminismo "político" ou de "subsistência", para a diferenciar do ecofeminismo mais espiritualizado, popular nos países ocidentais (embora, desde os protestos da OMC em 1999 e os acontecimentos de 11 de setembro de 2001, o ecofeminismo ocidental se tenha tornado igualmente politicamente consciente). Tanto o seu ativismo como a sua teoria têm tido um enfoque global e concreto. O seu trabalho tem-se debruçado sobre as mulheres do "terceiro mundo" , cujas vidas são negativamente afectadas pelas forças da globalização empresarial e do colonialismo.(https://womenjusticeecology.wordpress.com/2009/07/04/dr-vandana-shiva-and feminist-theory)

A Dra. Vandana Shiva combina o mais elevado da ciência holística e sistémica com o ativismo; junta a resistência às corporações gigantes que procuram privatizar e possuir sementes e água com a construção de alternativas para que a base da vida permaneça nos bens comuns e apoie toda a vida.

A sua paixão pela proteção da biodiversidade começou na década de 1970 com o Movimento Chipko (o movimento de abraçar as árvores iniciado pelas mulheres de Uttarakhand). Chipko também se tornou o ponto de partida para ver as ligações entre a proteção da natureza e a satisfação das necessidades básicas de alimentação, água e energia dos pobres, bem como as ligações entre as mulheres e a ecologia. Isto levou-a a desenvolver a sua filosofia do ecofeminismo e a fundar o movimento "Mulheres Diversas pela Diversidade". As suas contribuições para as mulheres e o ambiente foram reconhecidas a nível mundial.
(http://spiritualecology.org/ contributor/vandana-shiva)

"Em 1987, **a Dra. Vandana Shiva** fundou a Research Foundation for Science, Technology and Ecology, que levou à criação de **Navdanya** em 1991, um movimento nacional para proteger a diversidade e a integridade dos recursos vivos, especialmente as sementes nativas, a promoção da agricultura biológica e o comércio justo. **Navdanya** significa "**nove sementes**" (simbolizando a proteção da diversidade biológica e cultural) e também o "novo presente". No contexto atual de destruição biológica e ecológica, os guardiões de sementes são os verdadeiros doadores de sementes. Esta dádiva ou "dana" de Navadanyas (nove sementes) é a dádiva suprema - é uma dádiva de vida, de património e de continuidade. Conservar a semente é conservar a biodiversidade, conservar o conhecimento da semente e a sua utilização, conservar a cultura, conservar a sustentabilidade.(http://www.navdanya.org)

A Navdanya luta para eliminar a comercialização do conhecimento indígena, também conhecida como "Biopiratária". A Navdanya aborda várias outras questões internacionais, incluindo as alterações climáticas, a segurança alimentar, a aplicação incorrecta da tecnologia, a soberania alimentar, o comércio justo e muitas outras. A biopiratária refere-se à utilização de sistemas de propriedade intelectual para legitimar a propriedade e o controlo exclusivos sobre recursos biológicos e produtos e processos biológicos que foram utilizados durante séculos em culturas não industrializadas. Navdanya iniciou a cruzada contra a biopiratária com a Campanha do Neem em 1994 e mobilizou uma enorme campanha de assinaturas contra as patentes do neem e apresentou uma oposição legal contra a patente do USDA e WR Grace sobre as propriedades fungicidas do neem no Instituto Europeu de Patentes (EPO).

A patente sobre o Neem foi revogada em maio de 2000 e voltou a ser confirmada em 2005, quando o IEP revogou na íntegra a controversa patente, considerando que não havia "qualquer atividade inventiva" envolvida na patente do fungicida, confirmando assim o "estado da técnica" da utilização do Neem. Em 1998, a Navdanya iniciou uma campanha contra a biopiratária do Basmati e conseguiu uma vitória segura em 2001. A próxima grande vitória da Navdanya contra a biopiratária ocorreu em outubro de 2004, quando o Instituto Europeu de Patentes de Munique revogou a patente da Monsanto sobre a variedade indiana de trigo "Nap Hal". Esta foi a terceira vitória consecutiva na frente dos direitos de propriedade intelectual, depois do Neem e do Basmati. (http://www.navdanya.org/campaigns/biopiracy)

A Dra. Vandana Shiva descreve a luta contra a biotecnologia agrícola como uma guerra global contra algumas empresas gigantes de sementes em nome de milhares de milhões de agricultores que dependem do que eles próprios cultivam para sobreviver. Ela afirma que nada menos que o futuro da humanidade depende do resultado. Shiva, juntamente com um exército crescente de apoiantes, argumenta que os pesticidas predominantes, os combustíveis fósseis e um fornecimento aparentemente ilimitado de água barata colocam um fardo inaceitável sobre os recursos da Terra.

No último quarto de século, publicou quase um livro por ano, incluindo ***"The Violence of the Green Revolution"***, ***"Monocultures of the Mind"***, ***"Stolen Harvest"*** e ***"Water Wars"***. Em cada um deles, argumenta que as práticas agrícolas modernas pouco mais fizeram do que saquear a Terra. Em 1993, Shiva recebeu o Right Livelihood Award, muitas vezes chamado de Prémio Nobel alternativo, pelo seu ativismo em prol da ecologia e das mulheres. *A Time,* o *Guardian, a Forbes* e *a Asia Week* colocaram-na nas listas dos activistas mais importantes do mundo. Em 2010, foi-lhe atribuído o Prémio da Paz de Sydney pelo seu empenho na justiça social e pelos seus esforços incansáveis em prol dos pobres. O Beloit College, no Wisconsin, homenageou Shiva com a sua Cátedra Weissberg de Estudos Internacionais, chamando-lhe ***"um movimento de uma só mulher pela paz, sustentabilidade e justiça social"***.

Shiva acredita que, para a libertação das mulheres e do ambiente, são necessárias definições de liberdade, conhecimento e progresso diferentes das definições adoptadas pela cultura ocidental desde o Iluminismo. A perspetiva ecofeminista de Shiva não faz distinção entre "necessidades básicas" (alimentação, vestuário, abrigo) e "necessidades superiores" (liberdade e conhecimento).

Para as mulheres do Norte afluente, este conceito de universalismo ou de comum não é fácil de apreender. A sobrevivência não é vista como o objetivo último da vida, mas como uma banalidade - um facto que pode ser tomado como garantido. É precisamente o valor do trabalho quotidiano para a sobrevivência, para a vida, que tem sido corroído em nome dos chamados "valores superiores" (Mies e Shiva, 1993). A modernização traz consigo novas formas de dominação das culturas de subsistência. A subsistência, por outro lado, tem-se revelado um modelo de interdependência e cooperação.

Shiva argumenta que, enquanto o mundo ocidental vir o movimento ambientalista e o movimento das mulheres como separados e não relacionados, o movimento ambientalista será cooptado pelas forças do "mau desenvolvimento" e utilizado como um "novo projeto patriarcal de correcções tecnológicas e opressão política" (Shiva, 1988). A autora explica que a opressão continuará na visão do mundo ocidental porque desvaloriza o que ela chama de princípio feminino. Este conceito é muitas vezes confundido com a promoção da feminilidade de género, mas Shiva vê o princípio feminino como a maior força criativa do mundo. "A nova visão fornecida pelas mulheres rurais do Terceiro Mundo é que as mulheres e a natureza estão associadas não à passividade, mas à criatividade e à manutenção da vida" (Shiva, 1989).

O princípio feminino baseia-se na inclusão e a sua recuperação nos homens, nas mulheres e na natureza é a recuperação de "formas criativas de ser e de perceber" (Shiva, 1989). Shiva propõe que o princípio feminino é morto nas mulheres ocidentais pela associação da passividade como uma categoria com o feminino.

Medha Patkar e o "Narmada Bachao Andolan

"Não há outra forma senão redefinir a 'modernidade' e os objectivos do desenvolvimento, alargando-os a uma sociedade sustentável e justa, baseada em relações harmoniosas e não exploradoras entre os seres humanos e entre estes e a natureza."

Medha Patkar

O Narmada Bachao Andolan (NBA) é o mais poderoso movimento de massas, iniciado em 1985, contra a construção de uma enorme barragem no rio Narmada. O Narmada é o maior rio ocidental da Índia, que sustenta uma grande variedade de pessoas com culturas e tradições distintas, desde os povos indígenas (tribais) que habitam as selvas até um grande número de população rural. A NBA anunciou a chegada dos Verdes da Índia, que protestam contra o desenvolvimento destrutivo. Segundo muitos ambientalistas, *"uma das maiores e mais bem sucedidas campanhas ambientais, a Narmada Bachao Andolan começou com uma vasta agenda de desenvolvimento, questionando a própria lógica dos grandes projectos de barragens na Índia".* A campanha contra a construção de barragens no rio Narmada é *"símbolo de uma luta global pela justiça social e ambiental",* enquanto a própria NBA é um *"símbolo de esperança para os movimentos populares de todo o mundo que lutam por um desenvolvimento justo, equitativo e participativo".* Embora a NBA ainda não tenha atingido os objectivos pelos quais lutou tão incansavelmente, as suas vitórias contra as enormes probabilidades valeram-lhe a reputação de ser um dos movimentos sociais mais dinâmicos do nosso tempo e contra o qual o governo continua a despender recursos consideráveis. (http://www.rightlivelihood.org/narmada.html)

Liderado por uma das mais proeminentes mulheres ambientalistas, **Medha Patkar**, transformou-se agora num protesto internacional, obtendo o apoio de ONG de todo o mundo. Os manifestantes estão a agitar a questão através dos meios de comunicação social, de greves de fome, de marchas maciças, de comícios e de vários documentários. Patkar passou a maior parte do seu tempo entre os adivasis, nas remotas e acidentadas colinas de Satpura, em Maharashtra. Ao longo dos anos, os seus dotes de oratória e de organização ajudaram a conquistar a confiança de muitas pessoas locais e também atraíram um grupo empenhado de jovens activistas para o vale. Estes activistas, que incluíam engenheiros, assistentes sociais e jornalistas, viriam a desempenhar um papel vital no movimento Narmada. No início de 1986, os activistas e os aldeões de Maharashtra criaram o Narmada Dharangrast Samiti -NDS (Comité para as Pessoas Afectadas pela Barragem de Narmada). Os aldeões do NDS recusaram-se a ser deslocados ou a cooperar de qualquer forma com os funcionários da barragem até que as suas exigências de reinstalação fossem satisfeitas.

Medha Patkar considerou que o projeto hidroelétrico iria devastar vidas humanas e a biodiversidade ao destruir milhares de hectares de florestas e terras agrícolas. Por outro lado, privaria vários milhares de pessoas dos seus meios de subsistência. Na sua opinião, a água e a energia poderiam ser fornecidas à população através de meios tecnológicos alternativos, que seriam ecologicamente benéficos. (http://www.narmada.org/resources/books/silenced_rivers.html)

Iniciativas de mulheres na Índia

As mulheres da aldeia de Dharmpuri, em Tamil Nadu, formaram uma organização que assumiu a tarefa de conservar a diversidade vegetal da sua área. O papel da conservação ex situ tomou forma e atualmente foram criados jardins medicinais que conservam e cultivam plantas medicinais. Mulheres das aldeias de Panangofe, Pampuchathamana e Bharathnoor, em Kerala, formaram uma organização e receberam formação para a conservação científica de plantas medicinais. As mulheres receberam formação sobre a recolha, a manutenção, a conservação e a propagação de plantas medicinais. As mulheres começaram então a formar outras mulheres da aldeia e, atualmente, a zona está fortemente empenhada na conservação da diversidade vegetal. O distrito de Korapat, em Orissa, possui mais de 1.800 variedades de arroz. As variedades autóctones estão mais bem adaptadas ao ambiente local e, frequentemente, não são tão susceptíveis a doenças como as variedades de elevado rendimento. Normalmente, as raças autóctones são também tolerantes às alterações climáticas, pelo que são de grande valor como instrumento para a adaptabilidade às alterações climáticas. As raças autóctones são também um tesouro de vários genes valiosos que podem revelar-se um instrumento importante para o melhoramento das culturas. A ênfase excessiva em variedades de alto rendimento acelerou a erosão das variedades autóctones. Kamala Pujari assumiu a responsabilidade de conservar as variedades autóctones de arroz com a ajuda de algumas outras mulheres do seu distrito. O abate ilegal de árvores é um problema grave e tem um efeito negativo de grande alcance no ambiente. As mulheres do distrito de Nayagarh, em Orissa, levaram este problema a sério e aceitaram o desafio da proteção florestal. As mulheres organizaram-se e formaram um grupo conhecido como Maa Ghodadei Mahila Samiti, especialmente destinado a controlar o abate ilegal de árvores da floresta. Os membros do Samiti patrulham as zonas florestais mesmo durante a noite e apanham os culpados. ( )www.indianbotanists.com/2015/03/role-of-some-unsung-women-in.html

O passado ensina o presente

Na Índia, o próprio ambiente é designado por "Prakriti", que é um termo feminino. Quando a terra é descrita como a mãe, ela é a fonte dos seres vivos. Tal como uma mãe protege o bebé no seu ventre, a terra também nutre as sementes das culturas no seu solo. Na literatura védica, a mãe Terra é personificada como a deusa Bhumi ou Prithvi. A sua beleza é vividamente descrita no Atharva Veda: "Ó mãe, com os teus oceanos, rios e outras massas de água, dás-nos terra para cultivar cereais, dos quais depende a nossa sobrevivência. Por favor, dá-nos tanto leite, fruta, água e cereais quanto necessitamos para comer e beber. De quem são o oceano e o rio, as águas; de quem veio a comida, a lavoura; de quem dá vida a tudo o que respira, que se agita - que essa terra nos dê a primeira bebida".

Reconhecendo que o acesso a serviços energéticos sustentáveis é fundamental para enfrentar muitos dos actuais desafios de desenvolvimento global e para alcançar os Objectivos de Desenvolvimento do Milénio (ODM), surgiu na comunidade internacional um foco crescente na energia como uma questão-chave de desenvolvimento (Sen, 2011b). O acesso a energia limpa, acessível e sustentável é, assim, um fator que permite o desenvolvimento económico e a redução da pobreza, bem como a realização dos objectivos de desenvolvimento acordados internacionalmente, incluindo a garantia da sustentabilidade ambiental e a promoção da igualdade de género.

À medida que os recursos naturais se tornam cada vez mais limitados no nosso planeta finito, torna-se obrigatória uma mudança na nossa visão do mundo. A partir da sabedoria e da visão dos antigos textos indianos, temos de encontrar o caminho para a sustentabilidade desta terra e do nosso lugar como espécie. Temos de reconhecer e reconciliar-nos com o facto de fazermos parte de uma teia de vida mais vasta que assegura a nossa sobrevivência, tornando imperativo que protejamos essa frágil teia de vida, não como dominadores - homens sobre mulheres ou humanos sobre a natureza - mas em coexistência pacífica com todas as outras formas de vida do planeta.

Referências

1. Agarwal B. (1992) : The Gender and Environment Debate: Lessons from India, in "Feminist Studies", 18, 1, primavera, pp. 119-158
2. Atharva Veda, 12.1.3.
3. Biehl J. (1991): Rethinking Ecofeminist Politics, South End Press, Boston.
4. Birkeland J.(1993) : Ecofeminismo: Linking Theory and Practice, em G. Gaard (ed.), Ecofeminism: Women, Animals and Nature, Temple University Press, Philadelphia
5. Boserup, E. (1970): Woman's Role in Economic Development. Sistemas agrícolas masculinos e femininos. pp 15-65.
6. Carson R. (1962): Silent Spring, Houghton Mifflin, Boston.
7. Jain, Shobbitha (1984) : Women and People's Ecological Movement: A Case Study of Women's Roles in the Chipko Movement in Uttar Pradesh". Economic and Political Weekly 19(41): 1788 - 1794
8. Maathai, W. (2004) : O Movimento da Cintura Verde: Sharing the Approach and the Experience, Lantern Books
9. Mehta, P.(1997):The emancipated women-folk of Uttarakhand Dehradun : Himalayan Action Research Centre ; New Delhi : Society for Participatory Research in Asia
10. Mies, Maria e Vandana Shiva. (1993) : Ecofeminism. Halifax: Fernwood Publications.
11. Neefjes,K. (2000) : Environments and Livelihoods, Strategies for Survival Oxfam, Oxford
12. Sen, S. (2008) : The Hills Are Alive. Educação Hoje (Edição do Centenário) : 54-57
13. Sen, S. (2011a): From Abundance to Scarcity: Education for Water Conservation, Actas do

Seminário "Tendências Emergentes na Educação Contemporânea: Implicações para o Século XXI - Uma Sequela", pp.78-82.

14. Sen, S. (2011b): Blueprint for Sustainability : The Many Faces of Resource Management, Actas do Seminário "Sustainable Resource Management : Mito ou Realidade", pp. 7683.
15. Sen, S. (2014a) : Towards Sustainability : Blueprint for Resource Management, Seminário Proceedings of "Progress in Science vis-a-vis Environment" pp. 56-63.
16. Sen, S. (2014b) : Mudança de perspetivas na gestão da biodiversidade: o contexto indiano, Journal of Environment and Sociobiology, 11(1) : 117-122
17. Sen, S. (2015a) : "Sustainable Resource Management: Myth Or Reality" in Biodiversity, Conservação E Desenvolvimento sustentável: Questões E Abordagens Volume-1 (Ed. Dr. P. Jha), New Editores Académicos, Nova Delhi-110002, pp.1-18.
18. Sen, S. (2015b) : "Journey to Sustainability: Approaches for Resource Conservation - Retrospect & Prospect" in Environmental History of India, Publ. Print Gallery, Dr. M. Ray (ed.) pp. 48-65.
19. Shiva, V. (1988) : Staying Alive, Londres: Zed. Shiva V., *Staying Alive: Women, Ecology and Survival in India,* Kali for Women, New Delhi
20. Shiva, Vandana (1989) : Staying Alive: Women, Ecology and Development. Londres: Zed Books.
21. Tomalin, Emma (2008) : "Religion, Gender and Ecofeminism in Asia: Moving Beyond the Essentialisms of Spiritual Ecofeminism" in Gender and Natural Resource Management, Livelihoods, Mobility and Interventions. Resurreccion, Bernadette P. e Elmhirst, Rebecca (eds.), Earthscan/ IDRC, Canadá
22. Wichterich, C. (2000) : A mulher globalizada: Reports from a Future of Inequality. Londres: Zed Books.

Ligações :

1. https://nvdatabase.swarthmore.edu/content/bishnoi-villagers-sacrifice-lives-save-trees-1730
2. (http ://edugreen. teri .res.in/explore/forestry/chipko. htm)
3. (http://www.thehindu.com/2000/05/21/stories/13210414.htm)
4. http://www.greenbeltmovement.org/what-we-do/tree-planting-for-watersheds
5. http://www. greenbeltmovement. org
6. http://www.nobelprize.org/nobel_prizes/peace/laureates/2004/maathai-bio.html
7. https://womenjusticeecology.wordpress.com/2009/07/04/dr-vandana-shiva-and feminist-theory
8. (http://spiritualecology.org/contributor/vandana-shiva
9. .(http://www.navdanya.org)
10. http://www.navdanya.org/campaigns/biopiracy
11. http://www. rightlivelihood. org/narmada. html
12. http://www.narmada.org/resources/books/silenced_rivers.html
13. www.indianbotanists.com/2015/03/role-of-some-unsung-women-in.html

MIX
Papier aus verantwortungsvollen Quellen
Paper from responsible sources
FSC® C105338

Printed by Books on Demand GmbH, Norderstedt / Germany